高职高专商务数据分析与应用专业系列教材

Python 数据分析

主　编　宿　莉　程书红
副主编　张文科　黄传韬　张　杰
参　编　陈素琼　周　扬　钟林江

机械工业出版社

数据分析为各行各业的科学判断和决策提供支撑。在众多的数据分析工具中，Python是强有力的一个。本书介绍了数据分析的基本概述、Python语言，以及如何利用Python的高性能科学计算类库NumPy、高级数据分析类库Pandas和出版质量级绘图类库Matplotlib来实现数据的清洗、整理、分析和可视化。

本书内容丰富、体系完整，内容循序渐进、深入浅出、图文并茂，可以帮助读者从零基础到掌握利用Python做数据分析的技能技巧。

本书可作为高等职业院校电子商务类、统计类、计算机类、财经类等的教材，也可作为跨专业学习数据分析的广大爱好者的自学参考书和培训资料。

为方便教学，本书配备电子课件、习题答案、教学数据等教学资源。凡选用本书作为教材的教师均可登录机械工业出版社教育服务网www.cmpedu.com下载。咨询电话：010-88379375；联系QQ：945379158。

图书在版编目（CIP）数据

Python数据分析/宿莉，程书红主编．—北京：机械工业出版社，2022.5（2024.7重印）

高职高专商务数据分析与应用专业系列教材

ISBN 978-7-111-70584-0

Ⅰ．①P… Ⅱ．①宿… ②程… Ⅲ．①软件工具—程序设计—高等职业教育—教材 Ⅳ．①TP311.561

中国版本图书馆CIP数据核字（2022）第064527号

机械工业出版社（北京市百万庄大街22号 邮政编码100037）

策划编辑：乔 晨　　　　　责任编辑：乔 晨 张翠翠
责任校对：肖 琳 张 薇　　封面设计：鞠 杨
责任印制：单爱军

北京虎彩文化传播有限公司印刷

2024年7月第1版第4次印刷

184mm×260mm・16.25印张・352千字

标准书号：ISBN 978-7-111-70584-0

定价：49.00元

电话服务	网络服务
客服电话：010-88361066	机 工 官 网：www.cmpbook.com
010-88379833	机 工 官 博：weibo.com/cmp1952
010-68326294	金 书 网：www.golden-book.com
封底无防伪标均为盗版	机工教育服务网：www.cmpedu.com

前 言
Preface

当今世界是一个以数据为载体的信息时代。随着信息技术和信息产业的发展，各行各业充分利用数据和数据分析来获取数据背后的信息，做出科学判断和决策。Python 作为开源语言，有其强大的生命力，开发的数据分析类库的功能也日益强大。掌握 Python 数据分析技术是新时代高素质技能技术人才所必备的技能。因此，Python 数据分析也越来越成为高等职业院校的一门跨专业学习的课程。

编者根据多年来在数据分析领域的实践和教学经验编写了本书。本书从实际应用出发，全面、系统地介绍了 Python 的基本知识和数据分析基本技能；在内容上深入浅出、循序渐进、图文并茂；每一个部分都有详尽的例子、实训和练习，使读者在学习基础知识和技能的同时联系实际问题，不断思考和探索。

全书共分七章，各章内容既相对独立，又前后贯通。首先让读者认识数据分析和 Python 的基础概论，其次从 Python 语言基础到 Python 语言进阶，系统介绍 Python 编程语言知识，最后介绍 Python 数据分析相关的类库（NumPy、Pandas、Matplotlib），让读者领会和掌握数据清理、整理、分析、可视化的技术技能。本书建议教学安排 72 学时。

本书具有以下特点：

（1）产教融合，校企合作。本书编写人员除了是具有丰富教学经验的一线教师之外，还得到了重庆翰海睿智大数据科技股份有限公司的大力支持，丰富了本书的实操内容。

（2）体现了人才培养及课程思政要求。本书在编写过程中，注重融入课程思政的内容，实现了知识传授、能力培养和价值塑造的有机统一。例如，在实训中采用北京 2022 年冬奥会、女足等案例，在讲授 Python 操作的同时，潜移默化中教育学生要不断拼搏、勇往直前、积极向上。

（3）体现了"互联网+"教育特点，是一本立体化新形态教材。书中以二维码形式嵌入操作视频，对重难点知识进行讲解。同时，配有丰富的教学资源，包括章节数据及代码、实训代码、习题答案等。

（4）结构清晰，符合学生认知特点。本书分为七章，内容上先讲基础、再讲进阶，层层递进，符合学生的认知特点。

本书由重庆城市管理职业学院、重庆青年职业技术学院的骨干教师及重庆翰海睿智大数据科技股份有限公司技术人员联合组织编写。第一章由周扬、钟林江、程书红、陈素琼编写，第二、三章由程书红编写，第四章由黄传韬、张文科、张杰、宿莉编写，第五~七章由宿莉编写，最后由宿莉和程书红统稿。在编写过程中得到了重庆翰海睿智大数据科技股份有限公司总裁陈继、重庆城市管理职业学院翁代云、孙鑫、黄菊英等的指导和大力支持，在此一并表示感谢。

为方便教学，本书配备电子课件、习题答案、教学数据等教学资源。凡选用本书作为教材的教师均可登录机械工业出版社教育服务网 www.cmpedu.com 下载。咨询电话：010-88379375；联系QQ：945379158。

由于编者水平有限，疏漏和不当之处在所难免，敬请读者不吝指正。

编　者

二维码索引

序号	名称	二维码	页码	序号	名称	二维码	页码
1	Anaconda 安装		009	6	数组的索引与切片		126
2	Anaconda 配置		016	7	异常值的检测		180
3	注释与缩进		020	8	第五章实训讲解		184
4	自定义函数		095	9	第六章实训讲解		225
5	列表生成式		105	10	第七章实训讲解		247

目 录
Contents

前言
二维码索引

第一章 数据分析的基本概述

第一节 数据分析认知 // 001

第二节 数据分析语言认知 // 005

第三节 Python 语言概述 // 007

第四节 安装 Anaconda // 008

第五节 使用 Jupyter Notebook // 014

小结 // 019

实训 // 019

练习 // 019

第二章 Python 语言基础

第一节 Python 基础语法 // 020

第二节 输入与输出 // 030

第三节 运算符和表达式 // 037

第四节 字符串处理功能与方法 // 048

第五节 程序基本结构 // 056

小结 // 066

实训 // 066

练习 // 067

第三章 Python 语言进阶

第一节 容器类型数据 // 069

第二节 函数 // 089

第三节 函数式编程与高阶函数 // 104

第四节 特殊函数 // 115

小结 // 119

实训 // 119

练习 // 120

第四章 高性能科学计算类库 NumPy

第一节　NumPy 数组对象 // 123

第二节　NumPy 高级索引与通用函数 // 130

第三节　NumPy 统计分析 // 136

小结 // 140

实训 // 140

练习 // 142

第五章 高级数据分析类库 Pandas 基础

第一节　Pandas 数据分析基础 // 143

第二节　Pandas 数据读写 // 153

第三节　使用 Pandas 进行简单的统计分析 // 160

第四节　数据清洗与处理 // 168

小结 // 183

实训 // 184

练习 // 187

第六章 高级数据分析类库 Pandas 高级

第一节　层次化索引 // 189

第二节　数据集合并 // 200

第三节　日期时间数据的处理 // 210

第四节　分组与聚合统计分析数据 // 216

第五节　透视表与交叉表统计分析数据 // 223

小结 // 225

实训 // 225

练习 // 229

第七章 出版质量级绘图类库 Matplotlib

第一节　Matplotlib 绘图基础 // 230

第二节　Matplotlib 绘图进阶 // 236

第三节　利用 Pandas 进行绘图 // 244

小结 // 247

实训 // 247

练习 // 251

参考文献

第一章
数据分析的基本概述

欢迎来到数据分析世界。本章主要介绍的内容为数据分析的概念和流程、Python 简介及 Anaconda 安装流程、Jupyter Notebook 简介等。后续章节会依次介绍如何使用 Python 库，把本章介绍的概念和流程转化为切实可用的 Python 代码。

第一节　数据分析认知

当今世界对信息技术的依赖程度日渐加深，每天都会产生和存储海量的数据。数据的来源多种多样——自动检测系统、传感器和科学仪器等。在个人日常生活中，每日的移动支付、网上购物、发朋友圈、浏览各种网页等都在产生新的数据。

什么是数据呢？数据实际上不同于信息，至少在形式上不同。对于没有任何形式可言的字节流，除了其数量、用词和发送的时间外，人们对其他内容一无所知，一眼看上去，很难理解其本质。信息实际上是通过对数据集进行处理，从中提炼出可用于其他场合的结论，即它是处理数据后得到的结果。从原始数据中抽取信息的过程称为数据分析。

一、数据分析概论

在数据分析过程中，人们要涉猎的知识面、问题面很多，并且在数据分析过程中需要在多种工具和方法间做选择和切换，以上情况对人们的计算、数学和统计思维有较高的要求。

因此，一名优秀的数据分析师必须具备多个学科的知识和实际应用能力。这些学科中有的是数据分析方法的基础，因此有必要掌握这些技能。而有的根据应用领域、研究项目的不同，需要掌握其他相关学科的知识。总的来说，这些知识可以帮助分析师更好地理解研究对象以及需要什么样的数据。

通常，对于大的数据分析项目，最好组建一个由各个相关领域的专家组成的团队，他们要能在各自擅长的领域发挥出最大作用。对于小项目，一名优秀的分析师就能胜任，但是他必须善于识别数据分析过程中遇到的问题，知道解决问题需要哪些学科的知识和技能，并能及时学习这些学科的知识，有时甚至需要向相关领域的专家请教。简言之，分析师不仅要知道怎么搜寻数据，更应该懂得怎么寻找处理数据的方法。

二、数据分析基本流程

数据分析基本流程可以用以下几步来描述：明确问题、获取数据、清洗处理、建模分析、以可视化方式呈现分析结果。数据分析基本流程中，每一步所起的作用对后面几步而言都至关重要。

第一步：明确问题

在获取原始数据之前，数据分析过程实际上早已开始。实际上，数据分析的目的是要解决某个问题，而在最开始就应明确这个问题，为之后的流程分析定下一个正确的方向。

只有深入探究作为研究对象的系统之后，才有可能准确定义问题。通常，研究工作是为了更好地理解系统的运行方法，尤其是为了理解其运行规则，因为这些规则有助于人们进行预测或选择（在知情的基础上进行选择）操作。

明确问题这一步及产生的说明文档，无论是对于科研还是商业问题都很重要，因为这两项能严格保证分析过程是朝着目标结果前进的。实际上，对系统进行全面或详尽的研究有时会很复杂，一开始可能没有足够的信息。因此明确问题，尤其是对问题的规划，将决定整个数据分析项目所遵循的指导方针，进而影响最终的分析结果质量。

定义好问题并形成文档后，接下来就可以进入数据分析的项目规划环节。该环节要弄清楚高效完成数据分析项目需要哪些专业人士和资源。因此就得考虑解决方案相关领域的一些事项，需要寻找拥有相关背景的工作人员，安装所需的数据分析软件。

第二步：获取数据

完成第一步之后，在分析数据前，首先要做的就是获取数据。数据的获取一定要本着创建预测模型的目的，数据的获取对数据分析的成功起着至关重要的作用。所采集的样本数据必须尽可能多地反映实际情况。实际上，如果原始数据采集不当，那么即使数据量很大，这些数据描述的情境也往往是与现实相悖或存在偏差的。

数据的查找和检索往往要凭借一种直觉，该直觉超乎单纯的技术研究和数据抽取。该过程还要求对数据的内在特点和形式有细致的理解，而只有对问题的来源领域有丰富的经验和知识，才能做到这一点。

无论对于哪个领域的应用，都不可能采用严格的实验方法来重建数据源所属的系统。很多领域的应用需要从周边环境搜寻数据，往往依赖外部实验数据，甚至常通过采访或调查来收集数据。在这种情况下，寻找包含数据分析所需全部信息的优质数据源的难度很大。这时往往需要从多种数据源搜集信息，使数据集尽可能地具有普遍性。

第三步：清洗处理

在数据分析的所有步骤中，数据准备虽然看上去不太可能出问题，但实际上这一步需要投入更多的资源和时间才能完成。数据往往来自不同的数据源，有着不同的表现形式和格式。因此，在分析数据之前，所有这些数据都要处理成可用的形式。

数据准备阶段关注的是数据获取、清洗和规范化处理，以及把数据转换为优化过的形式，也就是准备好的形式，通常为表格形式，以便使用在规划阶段就定好的分析方法去处理这些数据。

数据中存在的很多问题都必须解决，比如存在无效的、模棱两可的数据，值缺失，字段重复以及有些数据超出范围等。

第四步：建模分析

处理完数据后，就准备好了用来开发数学模型的、为所存在的关系编码的全部信息。这些模型有助于人们理解作为研究对象的系统。具体而言，模型主要有以下两个方面的用途：一是预测系统所产生的数据的值，使用回归模型；二是将新数据分类，使用分类模型或聚类模型。实际上，根据输出结果的类型，模型可分为以下三种。

（1）分类模型：模型输出结果为类别型。
（2）回归模型：模型输出结果为数值型。
（3）聚类模型：模型输出结果为描述型。

生成这些模型的简单方法包括线性回归、逻辑回归、分类、回归树和 K- 近邻算法。但是分析方法有多种，且每一种都有自己的特点，它们各自擅长处理和分析特定类型的数据。每一种方法都能生成一种特定的模型，选取哪种方法跟模型的自身特点有关。

有些模型输出的预测值与系统实际表现一致，这些模型的结构使得它们能以一种简洁清晰的方式解释人们所研究系统的某些特点。另外一些模型也能给出正确的预测值，但是它们的结构为"黑箱"，对系统特点的解释能力有限。

第五步：以可视化方式呈现分析结果

可视化的过程，是找到要表达的问题的层次，然后把这个层次的数据聚合，再使用图形表达出来的过程。

近年来，数据可视化发展迅猛，已成为一门真正的学科。实际上，专门用来呈现数据的技术有很多，从数据集中抽取最佳信息的可视化技术也不少。

通常来讲，数据分析需要总结与研究数据相关的各种表述。在总结的过程中，在不损失重要信息的情况下，将数据浓缩为对系统的解释。这是数据分析的一个重要步骤，关注的是识别数据中的关系、趋势和异常现象。为了找到这些信息，需要使用合适的工具，同时还要分析可视化后得到的图像。

其他数据挖掘方法，比如决策树和关联规则挖掘，则是自动从数据中抽取重要的事实或规则。这些方法可以和数据可视化配合使用，以便发现数据之间存在的各种关系。

三、企业中数据分析运用的领域

1. 基础 IT 系统

最底层的"基础 IT 系统"是一切数据分析的基础,它最重要的作用就是完成"数据采集"。这里主要指的就是各个企业在实际生产中使用到的软件系统及其配套的硬件设备。例如,网络世界中的一串串抓取代码,真实世界中的医院里的医学影像设备和其他传感器、探测器,财务使用的财务管理软件等。这些系统解决了人们口中的"数据采集"问题。正是因为有了这些基础的 IT 系统(包括软件和硬件),才能将生活中的所有一切数字化、度量化。

2. 数据集中与标准化

在"数据集中与标准化"这一层级中,要实现的是数据的集中管理与相互融合,打破数据壁垒,让数据能够正常地在企业内流动。如果把数据比作企业运营的血液,那么人们要做的就是打通所有的血管,让血液自由地流动。

3. 数据报表与可视化

解决了数据集中与标准化的问题的同时,人们还面临一个问题:如何能让大家看到数据。

最简单直接的方法是"数据报表"。按照日常业务使用习惯,构建各种表格,在表格中填写大量的数据。有的企业是手工制作报表,有的企业使用 IT 工具制作报表,有的企业则到了数据可视化的阶段,然而以什么方式实现并不重要,重要的是将数据报表做出来呈现给用户进行使用。

数据可视化是随着数据图形化展现技术发展起来的,它的功能不仅仅是展示数据,还将很多数据分析的方法、维度、样式与基础数据相结合,以更加形象、更加贴近业务应用场景的方式向用户展示数据要表达的内容或问题。

4. 产品与运营分析

要进行产品与运营分析,首先要进行的就是日常数据的监控。数据的变动能否说明产品与运营在往好的方向变化?如果变化是好的,那么如何继续保持?如果是不好的,那么是什么原因造成的?如何改正?这些是日常数据监控过程中业务人员常问的一些问题,解决这些问题是日常分析报告主要的工作。

根据日常分析和各种深入分析的结论,人们能知道诸如:这个营业厅发展的用户质量很差,需要核实这些用户行为的真实性;在某些环节耗费的人工工时较长,需要考虑是改进该环节的人员配置还是存在其他问题……如此种种从数据中反映的问题,最后都会归结为各种管理、运营、营销等方面的问题。如何应用数据结论去解决问题,则需要依靠业务人员的经验了。

5. 精细化运营

在"产品与运营分析"层级中积累的分析思路和分析方法,大多是分散的、点状的。

在"精细化运营"这一层级，所有的分析不再相互独立，而是更多地以一个实际业务场景为基础，在该业务场景下从"如何感知识别"，到"如何筛选用户"，再到"如何营销配合"，从而实现该场景下全部过程的统筹管理。

在这个过程中，数据分析不再只是分析报告、数据图表，它已成为人们构建这个流程的一种贯穿始终的思想，流程中的每个环节都会有数据分析甚至数据挖掘的内容存在，以数据的结果驱动产品、渠道、投入资源等内容的配合，共同构成该业务场景下的完整业务流程。

更有甚者，将多个业务场景下的数据驱动过程进行组合，就形成了诸如"用户生命周期管理""会员运营体系"这样的数据应用集合。如果企业中的每个领域都能建设起多个数据应用集合，那么这些集合就基本能够支撑其企业的主要运行管理工作。

6. 数据产品

数据产品不是企业数据能力建设最终要实现的目标，它只是企业将内部数据价值变现的众多方式中的一种。

实体行业的数据产品很多时候是因为企业内部的数据成长到一定阶段，某些内部数据及分析方法已经具备了独立变现的条件，因而被企业单独拿出来作为一类产品提供到市场，从而形成人们所理解的数据产品。

第二节　数据分析语言认知

一、常用数据分析语言

目前主流的数据分析语言有：

SQL：要做数据分析，首先要做到的是能顺利地把数据提取出来。不论是传统数据库还是时下热门的大数据环境，都需要 SQL 来提取数据。

Python：Python 语言广受数据分析、数据挖掘和机器学习领域的喜爱。在数据分析领域比较著名的库有 NumPy、Scipy、Pandas 等，绘图库目前也相当成熟，还有像 Jupyter Notebook 这样为数据分析量身定做的笔记本工具。

R：一款非常强大的统计分析语言，特别适合做与统计相关的分析。它自带了非常多的统计和绘图包，在学术领域备受欢迎。值得一提的是，Jupyter Notebook 也支持 R。

Java：Java 的应用范围非常广，因为大数据领域的大多数系统（如 Hadoop）都是基于 Java 开发的，所以用 Java 来进行大数据的分析也是最常见的。Java 在大型工程化应用中的使用很广泛。

Scala：Scala 是基于 Java 语言的动态脚本语言，在大数据领域也有广泛的使用（如 Spark、Flink），可以和 Java 无缝集成，同时提供了非常灵活的动态特性和交互式编程方式。

Julia：一款专门为高性能科学计算设计的动态语言，对数据分析、可视化、机器学习领域的支持非常好，但是问世时间相较其他语言较短，需要积淀。

二、Python 的特点

1．简单易学

Python 是一种代表简单主义思想的语言。阅读一个良好的 Python 程序就感觉像是在读英语段落一样，尽管这个英语段落对语法的要求非常严格。Python 最大的优点之一是具有伪代码的本质，它使人们在开发 Python 程序时专注的是解决问题，而不是搞明白语言本身。

2．面向对象

Python 既支持面向过程编程，也支持面向对象编程。在"面向过程"的语言中，程序是由过程或仅仅是由可重用代码的函数构建起来的。在"面向对象"的语言中，程序是由数据和功能组合而成的对象构建起来的。

与其他主要的语言如 C++ 和 Java 相比，Python 以一种非常强大又简单的方式实现面向对象编程。

3．可移植性

Python 具有开源本质，它已经被移植在许多平台上。如果避免使用依赖于系统的特性，那么所有 Python 程序无须修改就可以在某些平台上运行，这些平台包括但不限于 Linux、Windows 等平台。

4．解释性

Python 语言写的程序不需要编译成二进制代码，可以直接从源代码运行程序。在计算机内部，Python 解释器把源代码转换成称为字节码的中间形式，然后把它翻译成计算机使用的机器语言并运行。

事实上，由于不再担心如何编译程序，以及如何确保连接转载正确的库等，因此使得使用 Python 变得更加简单。只需要把 Python 程序复制到另外一台计算机上，它就可以工作了，这也使得 Python 程序更加易于移植。

5．开源免费

Python 是 FLOSS（自由 / 开放源码软件）之一。人们可以自由地发布这个软件的副本，阅读它的源代码，对它做改动，把它的一部分用于新的自由软件中。FLOSS 是基于一个团体分享知识的概念。

三、Python 数据分析相关类库

1．NumPy

对于科学计算，NumPy 是 Python 创建的所有更高层工具的基础。

以下是 NumPy 提供的一些功能。

（1）一种快速、高效使用内存的多维数组，它提供矢量化数学运算。

（2）在不需要使用循环的情况下，对整个数组内的数据进行标准数学运算。

（3）非常便于传送数据到用低级语言（如 C 或 C++）编写的外部库，也便于外部库以 NumPy 数组形式返回数据。

NumPy 不提供高级数据分析功能，但有了对 NumPy 数组和面向数组的计算的理解，能帮助人们更有效地使用像 Pandas 之类的工具。

2. Pandas

Pandas 包含高级数据结构，以及让数据分析变得快速、简单的工具。它建立在 NumPy 之上，使以 NumPy 为中心的应用变得简单。

以下是它提供的一些功能：

（1）带有坐标轴的数据结构，支持自动或明确的数据对齐。能防止由于数据没有对齐，以及处理不同来源的、采用不同索引的数据而产生的常见错误。

（2）使用 Pandas 更容易处理缺失数据。

（3）使用 Pandas 更容易进行数据合并。

Pandas 是进行数据清洗（Data Cleaning）/整理的最好工具。

3. Matplotlib

Matplotlib 是 Python 的一个可视化模块，可以方便地制作线条图、饼图、柱状图以及其他专业图形。在 Python 中使用时，Matplotlib 有一些互动功能，如缩放和平移。它支持所有操作系统下不同的 GUI 后端（Back Ends），并且可以将图形输出为常见的矢量图和图形格式，如 PDF、SVG、JPG、PNG、BMP 和 GIF 等。

4. Scikit-learn

Scikit-learn 是一个用于机器学习的 Python 模块。它提供了一套常用的机器学习算法，让使用者通过一个统一的接口来使用。Scikit-learn 有助于迅速地在数据集上实现流行的算法。

第三节　Python 语言概述

一、Python 简介

Python 是一种面向对象的解释型计算机程序设计语言，由荷兰人吉多·范罗苏姆（Guido van Rossum）于 1989 年发明，第一个公开发行版发行于 1991 年。

Python 是纯粹的自由软件，源代码和解释器 CPython 遵循 GPL（GNU General Public

License）协议。

Python 语法简洁清晰，特色之一是强制用空白符（White Space）进行语句缩进。

Python 具有丰富和强大的库。它常被称为胶水语言，能够把用其他语言制作的各种模块（尤其是 C/C++）很轻松地联结在一起。常见的一种应用情形是，使用 Python 快速生成程序的原型（有时甚至是程序的最终界面），然后对其中有特别要求的部分用更合适的语言改写，比如 3D 游戏中的图形渲染模块，对性能的要求特别高，就可以用 C/C++ 重写，而后封装为 Python 可以调用的扩展类库。

二、Python 的应用领域与工作岗位

Python 的应用范围很广，这也使得 Python 的就业方向变得非常多，以下是当前 Python 主要的应用领域和热门的工作岗位。

（1）Web 开发——最火的 Python Web 框架 Django，支持异步高并发的 Tornado 框架，短小精悍的 flask、bottle。Django 官方把 Django 定义为 The web framework for perfectionists with deadlines（大意是一个为完全主义者开发的高效率 Web 框架）。

（2）网络编程——支持高并发的 Twisted 网络框架，py3 引入的 asyncio 使异步编程变得非常简单。

（3）爬虫——在爬虫领域，Python 几乎是霸主地位，使用 Scrapy、Request、BeautifuSoap、urllib 等，在合法前提下，能获取到任何想获取的数据。

（4）云计算——目前知名的云计算框架有 OpenStack，Python 现在非常知名，很大一部分原因就是云计算。

（5）人工智能——谁会成为 AI 和大数据时代的第一开发语言？这是一个不需要争论的问题。如果说几年前，Matlab、Scala、R、Java 和 Python 还各有机会，局面尚且不清楚，那么现在趋势已经非常明确了，特别是 Facebook 开源了 PyTorch 之后，Python 作为 AI 时代头牌语言的位置基本确立，未来的悬念仅仅是谁能坐稳第二把交椅。

（6）自动化运营——运维人员必须掌握的语言是什么？相信随意抽查 10 个人，会给出一个相同的答案：Python。

（7）金融分析——Python 是金融分析、量化交易领域里用得最多的语言。

（8）科学运算——随着 NumPy、SciPy、Matplotlib、Enthought Librarys 等众多程序库的开发，Python 越来越适合于做科学计算、绘制高质量的 2D 和 3D 图像。

第四节 安装 Anaconda

一、认识 Anaconda

Anaconda 是由 Continuum Analytics 开发的免费的 Python 包发行版，基于 Python 的

数据处理和科学计算平台，包含了 180 多个科学包和依赖项，它支持 Windows、Linux 等多种操作系统。Anaconda 具有以下特点：

（1）安装简单，上手容易。

（2）能对包和环境进行统一管理。

（3）具有开源以及免费的社区。

在安装 Anaconda 时还会默认安装 NumPy、Pandas、Scrip、Matplotlib 等数据分析必备的三方库，并且提供所包含包的更新，同时避免了原版 Python 单独安装库时可能产生的兼容性问题。因此建议使用 Anaconda 来学习 Python 的相关内容。

二、Windows 中安装 Anaconda

可以 Anaconda 的官网下载安装包。

安装包下载完成后，按以下步骤开始安装：

（1）双击下载好的 .exe 文件，单击"Next"按钮，再单击"I Agree"按钮，如图 1-1 所示。

Anaconda 安装

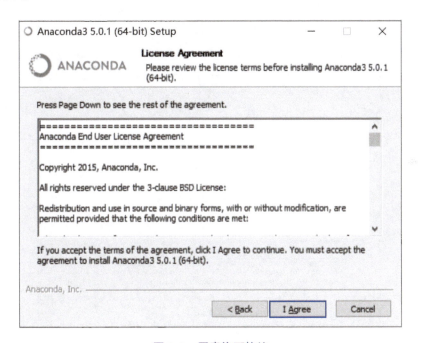

图 1-1　同意许可协议

（2）在"Select Installation Type"界面选择"Just Me（recommended）"单选按钮，如图 1-2 所示（有多个用户时才考虑选择"All Users（requires admin privileges）"单选按钮，注意以管理员身份运行），之后单击"Next"按钮。

（3）在"Choose Install Location"界面单击"Browse"按钮，选择安装位置，如图 1-3 所示，建议选择 C 盘以外的位置进行安装。

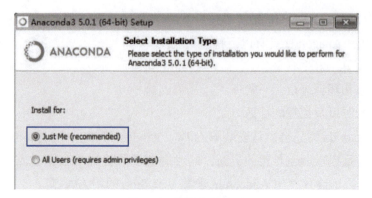

图 1-2　选择安装类型

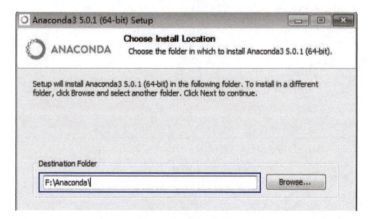

图 1-3　安装定位

（4）在"Advanced Installation Options"界面将两项都选择，如图 1-4 所示。

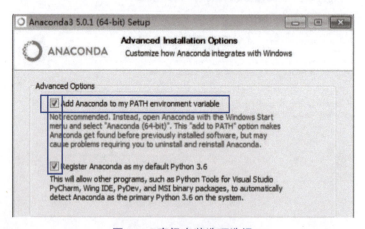

图 1-4　高级安装选项选择

（5）安装完成后，验证安装是否成功。

方法一：通过判断 Anaconda Navigator 是否能打开来验证安装结果

在计算机桌面单击"开始"→"Anaconda3（64-bit）"→"Anaconda Navigator"，如图 1-5 所示。

图 1-5　运行 Anaconda Navigator

如果出现图 1-6 所示的结果，表示安装成功。

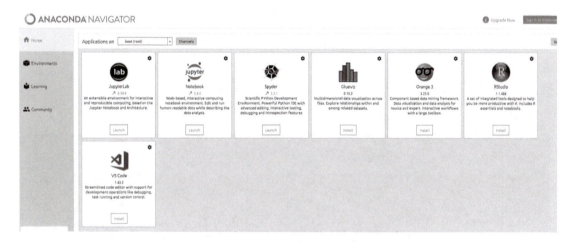

图 1-6　安装成功界面

方法二：通过运行 Anaconda Prompt 并输入指令来验证安装结果

单击"开始"→"Anaconda3（64-bit）"，右键单击"Anaconda Prompt"，选择"更多"→"以管理员身份运行"命令，如图 1-7 所示。在 Anaconda Prompt 中输入"conda list"，如果能正常显示已安装的包名称和版本号，则说明安装成功（注：第一次运行 conda list 较慢，耐心等待 1min 左右，期间不要做任何操作），如图 1-8 所示。

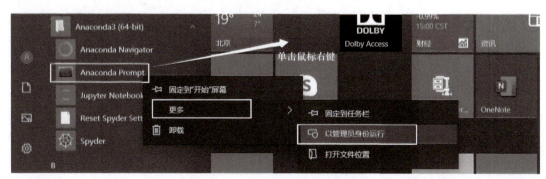

图 1-7　运行 Anaconda Prompt

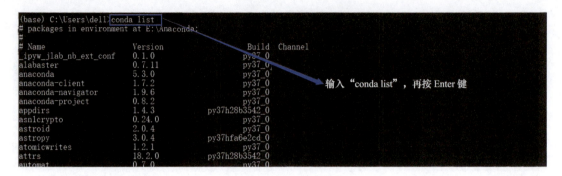

图 1-8　指令验证成功

三、Anaconda 环境管理和包管理命令

（1）查看库列表。

单击"开始"→"Anaconda3（64-bit）"→"Anaconda Prompt"，在打开的界面中输入 pip list 即可查看当前已有的库版本情况，如图 1-9 所示。

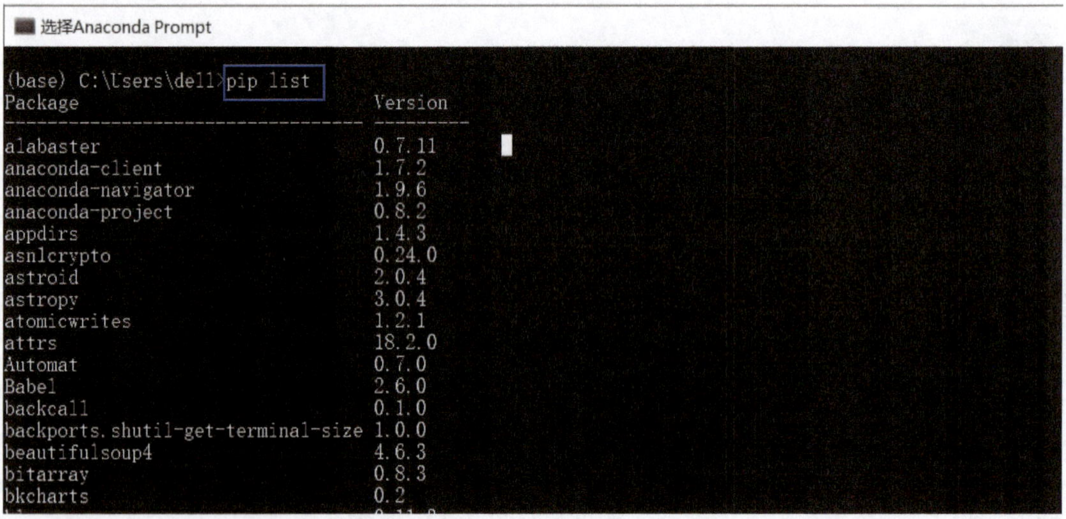

图 1-9　查看库列表

（2）查看可更新库。

输入"pip list --outdated"后，可以看到当前库版本和更新后的库版本，并可按个人需要更新指定库，如图 1-10 所示。

（3）更新指定库。

输入"pip install --upgrade 库名"格式的命令，如果更新 pandas 库，则指令为"pip install --upgrade pandas"。输入后按 Enter 键，之后等待系统自动安装完成即可，如图 1-11 所示。

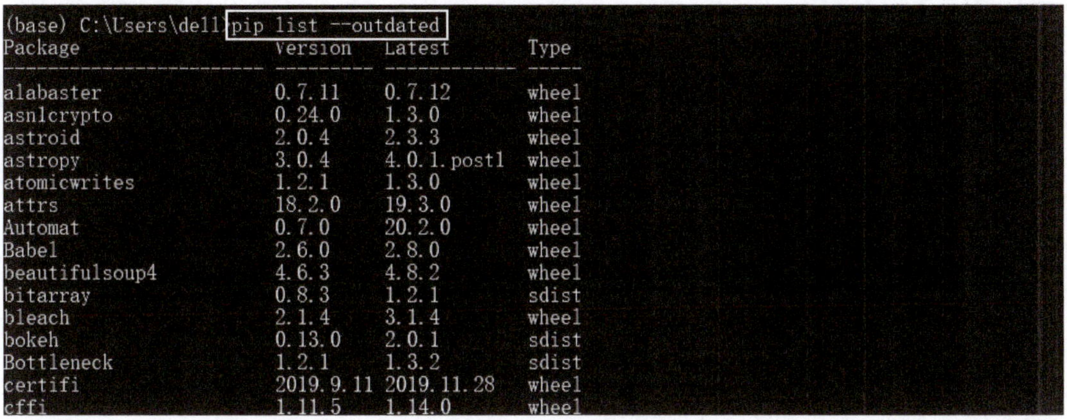

第一章
数据分析的基本概述

图 1-10　查看可更新库

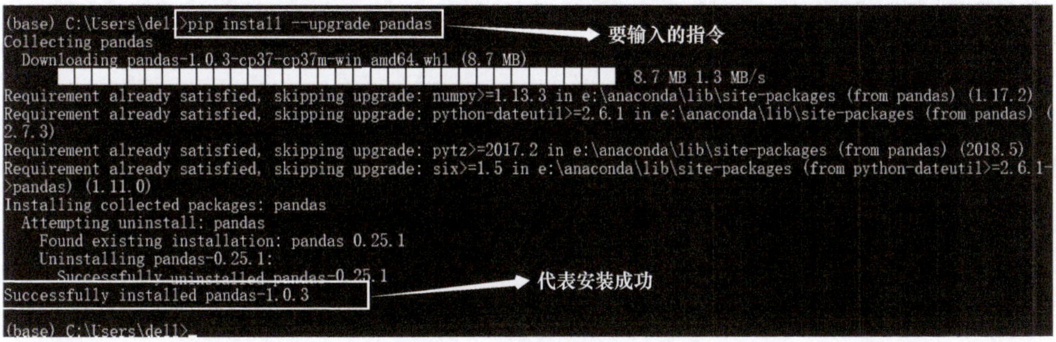

图 1-11　更新指定库

（4）安装新的库。

当所需要的库没在已有库列表中时，输入"pip3 install 库名"格式的命令，如果安装 NumPy 库，则指令为"pip3 install numpy"，如图 1-12 所示。

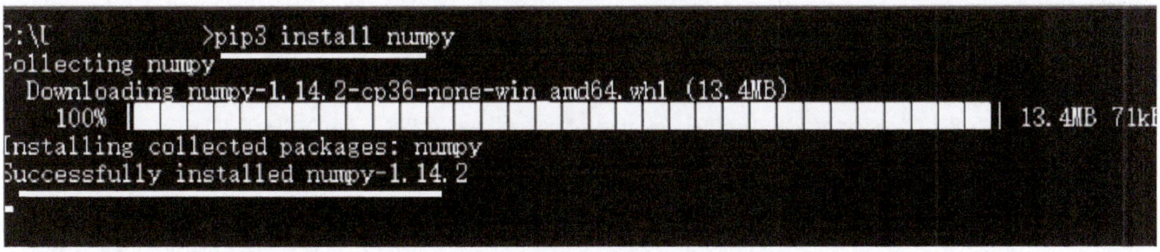

图 1-12　安装新的库

如果想要安装的库已经存在（如 NumPy），Prompt 会出现图 1-13 所示的提示。

图 1-13　安装存在的库

第五节　使用 Jupyter Notebook

一、Jupyter Notebook 的基本应用

Jupyter Notebook 基础设置步骤如下。

1. 默认浏览器修改

步骤 1：打开 Anaconda Prompt，输入指令 "jupyter notebook --generate-config"，获取配置文件的位置，如图 1-14 所示。

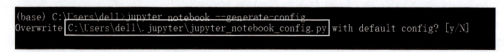

图 1-14　获取配置文件的位置

步骤 2：找到文件后用记事本打开，如图 1-15 所示。搜索 c.NotebookApp.browser，获取修改位置。

图 1-15　用记事本打开配置文件

步骤 3：获取浏览器的安装位置，如图 1-16 所示。

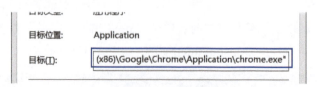

图 1-16　获取浏览器的安装位置

步骤 4：在记事本中复制下面代码并粘贴在指定位置，保存生效即可，如图 1-17 所示。

```
import webbrowser
webbrowser.register("chrome",None,webbrowser.GenericBrowser(u"C:\\Program Files (x86)\\Google\\Chrome\\Application\\chrome.exe"))
c.NotebookApp.browser = 'chrome'
```

图 1-17　复制并粘贴代码

> **注意**
>
> GenericBrowser 后面是步骤 3 中获取到的 Chrome 浏览器的安装位置。

2. 背景颜色修改

步骤 1：打开 Anaconda Prompt，输入指令"pip install --upgrade jupyterthemes"，修改前的页面如图 1-18 所示。

图 1-18　背景颜色修改前的页面

步骤 2：查看可用的主题。输入指令"jt -l"，如图 1-19 所示。

```
(base) C:\Users\dell>jt -l
Available Themes:
   chesterish
   grade3
   gruvboxd
   gruvboxl
   monokai
   oceans16
   onedork
   solarizedd
   solarizedl
```

图 1-19　查看可用主题

步骤 3：选择要用的主题。输入指令格式为"jt -t 主题名称"，如图 1-20 所示。

```
   solarizedl
(base) C:\Users\dell>jt -t oceans16

(base) C:\Users\dell>
```

图 1-20　选择主题

修改后的效果如图 1-21 所示。

图 1-21　修改后的效果

如果要恢复默认，输入指令“jt -r”即可，如图 1-22 所示。

```
(base) C:\Users\dell>jt -r
Reset css and font defaults in:
C:\Users\dell\.jupyter\custom &
C:\Users\dell\AppData\Roaming\jupyter\nbextensions

(base) C:\Users\dell>
```

图 1-22　恢复默认

3. 字体修改

打开 Anaconda Prompt，输入格式为“jt -t 主题名称 -f 字体名称”的指令，可以修改字体，如图 1-23 所示。

```
(base) C:\Users\dell>jt -t oceans16 -f fira

(base) C:\Users\dell>
```

图 1-23　字体修改

效果如图 1-24 所示。

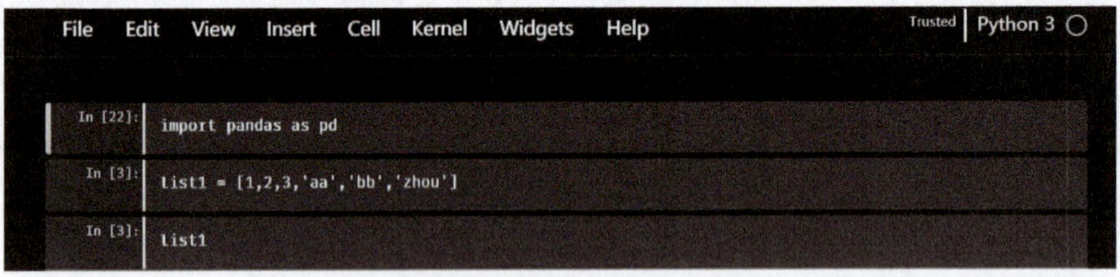

图 1-24　字体修改后的效果

Anaconda 配置

二、文本标记语言 Markdown

1. 标题语法

在 MarkDown 中，标题分为 1 ～ 6 级标题，分别用相应的“#”个数来表述，也可以用标题快捷键，即按数字键 1、2、3、4、5、6 会出现相应个数的“#”来对应相应级别标题。例如在 MarkDown 中输入：

```
# 一级标题
## 二级标题
### 三级标题
#### 四级标题
##### 五级标题
###### 六级标题
```

可以显示出不同级别的标题，效果如图 1-25 所示。

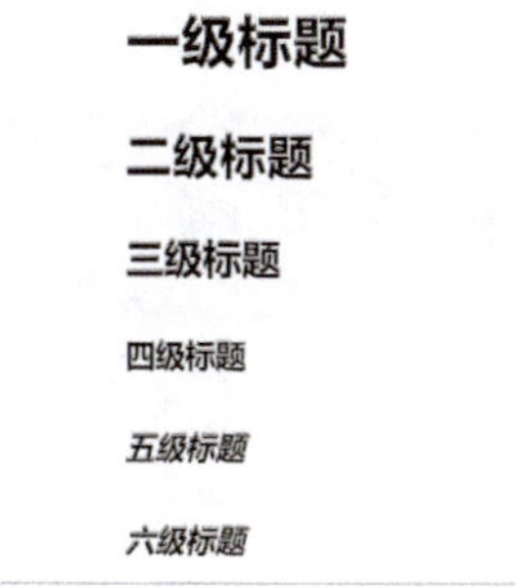

图 1-25　MarkDown 的标题级别

2．字体语法和分割线

（1）斜体的写法：文字的前后各加一个 * 号或者一个下画线。

（2）粗体的写法：文字的前后各加两个 * 号或者两个下画线。

（3）删除体写法：文字的前后各加一个或两个波浪线。

（4）分割线的写法：加 3 个 *** 号表示分割线。

例如在 MarkDown 里输入：

* 斜体的写法 * ;** 粗体的写法 **;~~ 删除体的写法 ~~;
***
建立一个分割线，与上面分开

效果如图 1-26 所示。

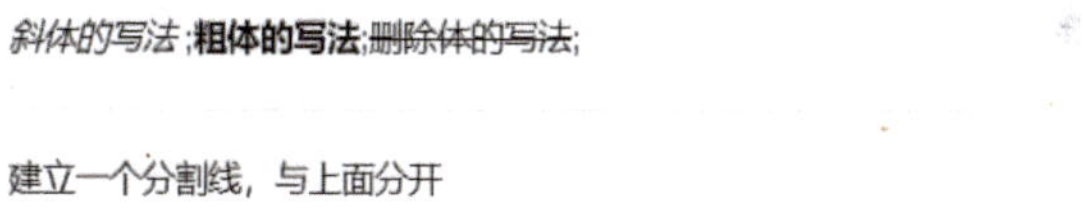

图 1-26　MarkDown 的字体语法和分割线

3．超链接的语法

超链接的语法是 [链接文字]（链接地址"链接标题"）。例如在 MarkDown 里输入：

[百度]（https://www.baidu.com/）

效果如图 1-27 所示。

图 1-27　MarkDown 的字体语法和分割线

4．插入图片的语法

插入图片的语法是感叹号 +[图片名称]+（链接或者路径），例如在 MarkDown 里输入：

！[百度图片] (https://www.baidu.com/img/PC_880906d2a4ad95f5fafb2e540c5cdad7.png)

效果如图1-28所示。

图1-28　百度图片

5．列表操作

（1）有序列表：数字加点加空格，再加文字。例如在MarkDown中输入：

1. 有序列表
2. 有序列表
3. 有序列表

效果如图1-29所示。

1. 有序列表
2. 有序列表
3. 有序列表

图1-29　有序列表

（2）无序列表："*"、"+"或"-"号后加空格，再加文字。例如在MarkDown中输入：

* 无序列表
* 无序列表
+ 无序列表
- 无序列表

效果如图1-30所示。

- 无序列表
- 无序列表
- 无序列表
- 无序列表

图1-30　无序列表

6．引用语法

引用语法时使用 > 号，两行引用之间空一行，多级引用使用多个 >。例如在MarkDown输入：

> 北京冬奥会
>> 短道混合接力赛

效果如图1-31所示。

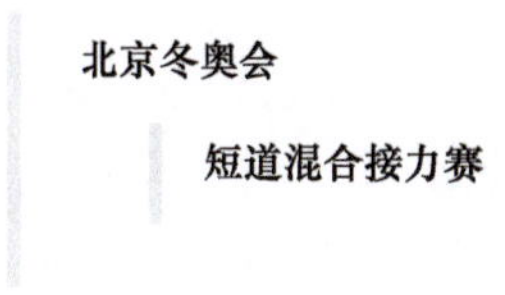

> 北京冬奥会
>
> 短道混合接力赛

图 1-31 引用语法

小结

从原始数据中抽取信息来帮助各个领域的决策者做出各种预测和判断，这个过程就是数据分析。数据分析流程可以用以下几步来描述：明确问题、获取数据、清洗处理、建模分析、以可视化方式呈现分析结果。目前主流的数据分析语言有 SQL、Python、R、Java、Scala 和 Julia 等，而 Python 是其中最常用的数据分析语言之一。Anaconda 是由 Continuum Analytics 开发的免费的 Python 包发行版，是基于 Python 的数据处理和科学计算平台。

实训

在 Windows 中安装 Anaconda。

练习

1. 什么是数据分析？
2. 简述数据分析的基本流程。
3. 常用的数据分析语言有哪些？各有什么特点？
4. Python 语言的特点有哪些？

第二章 Python 语言基础

第一节　Python 基础语法

在编程过程中，经常会出现一些问题，Python 将出现的问题分为错误和异常两种。错误主要是指语法错误，如符号遗漏、关键字拼写错误、缩进错误等。异常则是程序出现错误时在正常控制流外采取的行为。

一、注释与缩进

注释与缩进

1. 注释

Python 的注释不参与程序的执行，用来做解释说明或描述使用。注释分为单行注释和多行注释。

（1）单行注释（行注释）。Python 中使用 # 表示单行注释。单行注释可以作为单独的一行放在被注释代码行之上，也可以放在语句或表达式之后。

```
x=1  # 给变量 x 赋值，这是一种单行注释
```

当单行注释作为单独的一行放在被注释代码行之上时，为了保证代码的可读性，建议在 # 后面添加一个空格，再添加注释内容。

当单行注释放在语句或表达式之后时，同样，为了保证代码的可读性，建议注释和语句（或注释和表达式）之间至少要有两个空格。

（2）多行注释（块注释）。当注释内容过多，导致一行无法显示时，就可以使用多行注释。Python 中使用三个单引号或三个双引号表示多行注释。

```
'''
这是使用三个单引号的多行注释
'''
```

```
"""
这是使用三个双引号的多行注释
"""
```

> **注意**
> （1）注释不是越多越好。对于一目了然的代码，不需要添加注释。
> （2）对于复杂的操作，应该在操作开始前写上相应的注释。
> （3）对于不是一目了然的代码，应该在代码之后添加注释。
> （4）不要描述代码，一般都了解Python的语法，只是不知道代码要干什么。

2. 缩进

在 Python 中使用缩进来表示代码块，同一个代码块的语句必须包含相同的缩进空格数，可以使用空格或者 Tab 键实现。无论是手动输入空格，还是使用 Tab 键，通常情况下采用四个空格长度作为一个缩进量（默认情况下，一个 Tab 键就表示四个空格）。

```
if True:
    print ("Answer")
    print ("True")
else:
    print ("Answer")
    print ("False")          # 缩进不一致，会导致运行错误
```

二、多行语句

在 Python 中通常是在一行中写完一条语句，但如果语句很长，可以使用反斜杠（\）来实现换行。例如：

```
item_one="I "
item_two="Love "
item_three="China！ "
total = item_one + \
        item_two + \
        item_three
print(total)
```

在 []、{} 或 () 中的多行语句，不需要使用反斜杠（\），例如：

```
total = ['item_one', 'item_two', 'item_three',
        'item_four', 'item_five']
```

空行与代码缩进不同，空行并不是 Python 语法的一部分。

书写时不插入空行，Python 解释器运行也不会出错。空行的作用在于分隔两段不同功能或含义的代码，便于日后代码的维护或重构。

函数之间或类的方法之间用空行分隔，表示一段新的代码开始。类和函数入口之间也用一行空行分隔，以突出函数入口的开始。

在 Python 中，可以在同一行中使用多条语句，语句之间使用分号（;）分隔。

```
import sys; x = 'runoob'; sys.stdout.write(x + '\n')
```

三、基本数据类型

Python 提供的基本数据类型主要有数字类型、字符串、列表、元组、集合、字典等。

1. 数字类型

Python 支持整型（int）、浮点型（float）、布尔型（bool）、复数类型（complex）四种数字类型。例如：

```
a, b, c, d = 20, 5.5, True, 4+3j
print(type(a), type(b), type(c), type(d))
```

结果为：

```
<class 'int'> <class 'float'> <class 'bool'> <class 'complex'>
```

（1）整型。整型通常被称为整数，可以是正整数或负整数，不带小数点。Python 3 中的整型是没有限制大小的，可以当作 long 类型使用，但实际上由于机器内存是有限的，所以使用的整数是不可能无限大的。

整型的四种表现形式如下：

1）二进制：以"0b"开头。例如："0b11011"表示十进制的 27。
2）八进制：以"0o"开头。例如："0o33"表示十进制的 27。
3）十进制：正常显示。
4）十六进制：以"0x"开头。例如："0x1b"表示十进制的 27。

各进制间的数字转换如下：

1）bin（i）：将 i 转换为二进制，以"0b"开头。
2）oct（i）：将 i 转换为八进制，以"0o"开头。
3）int（i）：将 i 转换为十进制，正常显示。
4）hex（i）：将 i 转换为十六进制，以"0x"开头。

例如：

```
print(bin(10))
print(oct(10))
print(int(10))
print(hex(10))
```

结果为：

```
0b1010
0o12
10
0xa
```

（2）浮点型。浮点型数字由整数部分与小数部分组成，浮点型数字也可以使用科学计数法表示，例如：

$2.5e2 = 2.5 \times 10^2 = 250$

（3）布尔型。所有标准对象均可用于布尔测试，同类型的对象之间可以比较大小。每个对象都天生具有布尔值：True 或 False。空对象、值为零的任何数字或者 Null 对象 None 的布尔值都是 False。在 Python 3 中，True = 1，False = 0，可以和数字型数值进行运算。例如：

```
print(1+True)
print(1+False)
```

结果为：

```
2
1
```

下列对象的布尔值是 False：

None，False，0（整型）、0.0（浮点型），0L（长整型），0.0+0.0j（复数），""（空字符串），[]（空列表），()（空元组），{}（空字典）。

值不是上列任何值的对象的布尔值都是 True，如 non-empty、non-zero 等。用户创建的类实例如果定义了 nonzero(_nonzeor_()) 或 length(_len_()) 且值为 0，那么它们的布尔值就是 False。

（4）复数类型。复数由实数部分和虚数部分构成，可以用 a+bj 或者 complex（a，b）表示，形式及其运算与数学上的复数完全一致。例如：

```
x=5+8j
y=complex(1,2)        # 等价于 y=1+2j
x+y
```

结果为：

```
(6+10j)
```

2. 字符串

字符串是 Python 中常用的数据类型。可以使用引号（单引号、双引号、三引号）作为定界符来创建字符串。例如：

```
Str1 = '单引号字符串'              # 使用单引号创建字符串
Str2 = "双引号字符串"              # 使用双引号创建字符串
Str3 = """ 三引号字符串 """         # 使用三引号创建字符串，也可以使用三个单引号
print(Str1)
print(Str2)
print(Str3)
```

结果为：

```
单引号字符串
双引号字符串
```

三引号字符串

Python 中没有字符的概念，只有字符串的概念。例如：

```
Str1 = 'a'                    # 单字符
Str2 = 'abc'                  # 多个字符
print(type(Str1))             # 输出 Str1 的类型
print(type(Str2))             # 输出 Str2 的类型
```

结果为：

```
<class 'str'>
<class 'str'>
```

可以看到，只有一个字符的情况下，在 Python 中也是字符串类型。此外，在 Python 中使用三种不同的引号也有一些不同的作用。其中比较特殊的是三引号的情况，三引号允许一个字符串跨多行，字符串中可以包含换行符、制表符以及其他特殊字符。例如：

```
Str1 = ' 单引号中可以直接使用双引号（"）'    # 单引号中使用双引号
Str2 = " 双引号中可以直接使用单引号（'）"    # 双引号中使用单引号
Str3 = """ 使用三引号可以
直接定义多行字符串
而不需要使用转义字符"""                    # 使用三引号创建多行字符串
print(Str1)
print(Str2)
print(Str3)
```

结果为：

```
单引号中可以直接使用双引号（"）
双引号中可以直接使用单引号（'）
使用三引号可以
直接定义多行字符串
而不需要使用转义字符
```

使用单引号和双引号定义字符串，如果需要多行，则需要用到换行转义字符（\n）。例如：

```
Str1 = ' 使用换行转义字符 \n，可以换行 '
Str2 = ' 使用续行转义符 ,\
可以在字符串比较长的时候使用续行符 ,\
分多行定义字符串，但是没有换行效果 '
print(Str1)
print(Str2)
```

结果为：

```
使用换行转义字符
，可以换行
```

使用续行转义符，可以在字符串比较长的时候使用续行符，分多行定义字符串，但是没有换行效果

在 Python 中，字符串支持很多不同的转义字符，见表 2-1。

表 2-1 转义字符及其描述

转义字符	描述
\	在行尾时为续行符
\\	反斜杠符号，在字符串中需要使用反斜杠（\）时，需要在反斜杠前边再加一个反斜杠。这是因为反斜杠会和后边的符号结合为转义符，为了使用反斜杠自身，需要在反斜杠前边再多加一个反斜杠
\'	单引号，如果使用单引号来定义字符串，但是又需要在字符串中使用单引号，这时就需要对单引号进行转义
\"	双引号，同上
\b	退格（Backspace）
\a	响铃
\n	换行
\v	纵向制表符
\t	横向制表符
\r	回车
\f	换页
\0	空字符
\ddd	1～3 位八进制数代表的字符
\xhh	十六进制数代表的字符

3. 列表、元组、集合、字典

用符号 [] 表示列表，中间的元素可以是任何类型，用逗号分隔。列表类似于 C 语言中的数组，用于顺序存储结构。

元组是和列表相似的数据结构，但它一旦初始化就不能更改，速度比列表快，同时元组不提供动态内存管理的功能。

集合是无序的、不重复的元素集，类似数学中的集合，可进行逻辑运算和算术运算。

字典是一种无序存储结构，包括关键字（key）和关键字对应的值（value）。字典的格式为 dictionary = {key:value}。

四、变量与常量

变量（Variate）与常量（Constant）是程序设计中经常用到的两个概念。在程序设计中，常量是指程序运行过程中值不变的对象，而变量是程序运行过程中值不断变化的对象。

1. 变量

在程序运行过程中，变量的值一般都会发生改变，计算机的内存中会专门开辟一段

空间，用来存放变量的值，而变量名将指向这个值所在的内存空间。

为了便于理解，把计算机中的内存看作一个有很多格子的柜子，每个格子都可以放一个数据。每个格子都有一个"编号"，通过这个"编号"就可以找到对应的格子，这样就可以在格子中放入或取出数据了。可以通过"编号"直接去操作"格子"，也可以将这些编号告诉其他人，让其他人去指定格子寻找数据。"编号"就是对实际"格子"的引用。为了便于使用Python，为编号取了一个别名，就是变量名。

（1）变量的赋值。Python作为动态类型语言，在定义变量时不需要显式地指定变量的类型，通过直接为一个没有使用过的变量名赋值，就可以定义一个新的变量。语法如下：

变量名=初始值

通过变量名，人们可以在后边的代码中使用保存在变量中的值。此外，变量名是标识符的一种，因此变量名的命名必须符合Python的标识符命名规范。

1）标识符由字符（A～Z和a～z）、下画线和数字组成，但第一个字符不能是数字。

2）标识符不能和Python中的保留字相同。

3）在Python的标识符中，不能包含空格、@、%以及$等特殊字符。

4）标识符中的字母是严格区分大小写的。

初始值是在定义变量时赋予变量的值，这个值决定了变量当前的值与类型，并且变量必须先赋值（也就是定义），才可以在后边的代码中使用。例如：

```
# 变量定义
counter = 1024          # 为变量 counter 赋整数类型的值
name    = "John"        # 为变量 name 赋字符串类型的值
print(counter)          # 输出变量 counter 的值
print(name)             # 输出变量 name 的值
```

结果为：

```
1024
John
```

在Python中使用变量时，必须为变量赋一个初值。如果不赋初值而直接使用，那么Python不会认为该变量已经定义，而是认为在使用一个未定义的变量，将会抛出异常。另外，如果变量名违反了Python标识符的规范，那么也会出现异常，例如：

```
2abc = "abc"            # 变量名 "2abc" 不符合标识符规范，标识符以数字开始
```

结果为：

```
SyntaxError: invalid syntax
```

同样的，如果给变量命名为Python的保留字，那么也会出现异常，例如：

```
True = "abc"            #True 变量名不符合规范，使用了 Python 系统的保留字
```

结果为：

SyntaxError: can't assign to keyword

Python 标识符是对大小写敏感的。如果变量名的字母相同，但是大小写不同，那么就是两个不同的变量，例如：

```
myvar = "abc"        # myvar 变量名全小写
MYVAR = 100          # MYVAR 变量名全大写
print("myvar 的值为：",myvar)
print("MYVAR 的值为：", MYVAR)
```

结果为：

```
myvar 的值为："abc"
MYVAR 的值为：100
```

可以看出，定义了两个变量，分别是 myvar 和 MYVAR，"MYVAR = 100" 并没有修改变量 myvar 的值，而是定义了新的变量 MYVAR。

使用 "=" 赋值来定义变量，还可以一次定义多个变量。

```
变量名 1 = 变量名 2 = … = 变量名 n = 初始值  # 所有变量都赋同样的初始值
# 一个变量对应一个初始值
变量名 1, 变量名 2,…, 变量名 n = 初始值 1, 初始值 2,…, 初始值 n
```

例如：

```
var1 = var2 = var3 = 100   # 定义三个变量 var1、var2、var3，赋相同的值 100
print("var1 的值为：",var1)
print("var2 的值为：",var2)
print("var3 的值为：",var3)
```

结果为：

```
var1 的值为：100
var2 的值为：100
var3 的值为：100
```

定义三个变量 var1、var2、var3，分别赋不同的值。例如：

```
var1, var2, var3 = "xyz",10,3.1415
print("var1 的值为：",var1)
print("var2 的值为：",var2)
print("var3 的值为：",var3)
```

运行结果：

```
var1 的值为：xyz
var2 的值为：10
var3 的值为：3.1415
```

变量的赋值除了一对一、一对多、多对多外，还可以对换赋值。例如：

```
x=1; y=2
print(" 互换前：x=",x,",y=",y)
x, y = y, x
print(" 互换后：x=",x,",y=",y)
```

结果为：

```
互换前：x= 1 ,y= 2
互换后：x= 2 ,y= 1
```

（2）变量的类型。在 Python 中，变量的类型是由值决定的，可以根据定义变量时初始值的类型来确定变量的类型。

```
var1, var2, var3 = "xyz",10,3.1415
print("var1 的值为：",type(var1))
print("var2 的值为：", type(var2))
print("var3 的值为：", type(var3))
```

运行结果：

```
var1 的值为： <class 'str'>
var2 的值为： <class 'int'>
var3 的值为： <class 'float'>
```

（3）变量的使用。变量定义出来后就可以使用了，在 Python 中，通过变量名使用变量中保存的值。

```
name = input(" 请输入姓名：")     # 把 input 返回的值保存在变量 name 中
print(" 你的姓名为：", name)       # 输出 name 的值
```

结果为：

```
请输入姓名：约翰
你的姓名为：约翰
```

当然，变量不仅能保存输入数据的值，也可以保存程序中表达式的值，如各种算术运算的结果等。例如：

```
a = 10        # 定义变量 a，并将整型值 10 作为初值
b = 20        # 定义变量 b，并将整型值 20 作为初值
c = a + b     # 定义变量 c，用于保存 a+b 的结果
print("a+b 的结果为：", c)     # 输出变量 c 中的值
```

结果为：

```
a + b 的结果为：30
```

在变量定义完成后，除了可以通过变量名使用变量中的值以外，还可以修改变量中的值，也可以修改变量的类型。例如：

```
a = 10 + 20          # 定义变量a，用于保存10+20的结果
print("a=", a, "：a 的类型是 :",type(a))    # 输出变量a中的值和类型
a = "China"
print("a=", a, "：a 的类型是 :",type(a))    # 输出变量a中的值和类型
```

结果为：

a= 30 ：a 的类型是 : <class 'int'>
a= China ：a 的类型是 : <class 'str'>

2. 常量

常量就是程序运行过程中一直不变的量，一般使用全大写英文来表示。例如，数学中的圆周率 PI 就是一个常量。

```
import math
math.pi
```

结果为：

3.141592653589793

五、标识符与关键字

1. 标识符

标识符就是程序中用来表示变量、函数、类和其他对象的名称。Python 的标识符由字母、数字、下画线 "_" 组成，但不能以数字开头。

> **注意**
>
> （1）Python 中的标识符不限长度，但是严格区分大小写，例如，AB 和 ab 会被认为是两个不同的标识符，分别代表不同的对象。Python 的标识符也可以使用 Unicode 字符，如汉字，但不建议使用。
>
> （2）以下画线开始和结束的名称，通常是系统定义的函数的名字，例如，_new_() 是创建新对象的函数，_init_() 是类的构造函数等，应避免使用。
>
> （3）避免使用 Python 预定义标识符名作为自定义标识符名，如 float、input、print、int、tuple、list 等。

2. 关键字

Python 中一些具有特殊功能的标识符，就是所谓的关键字。关键字是 Python 已经使用的了，所以不允许开发者自己定义和关键字名称相同的标识符，否则会产生编译错误。Python 3 中的关键字见表 2-2。

表 2-2 关键字

序号	关键字	序号	关键字	序号	关键字
1	False	12	elif	23	lambda
2	None	13	else	24	nonlocal
3	True	14	except	25	not
4	and	15	finally	26	or
5	as	16	for	27	pass
6	assert	17	from	28	raise
7	break	18	global	29	return
8	class	19	if	30	try
9	continue	20	import	31	while
10	def	21	in	32	with
11	del	22	is	33	yield

可以通过 kwlist 命令查看当前系统中 Python 的关键字。

```
import keyword
keyword.kwlist
```

第二节 输入与输出

输入与输出，简单来说就是从标准输入中获取数据并将数据打印到标准输出，常被用于交互式的环境当中。

一、简单的输入与输出

1. 输出

print( ) 用于打印输出，是 Python 中常见的一个函数。

（1）print( ) 函数的语法。print(*objects, sep=' ', end='\n', file=sys.stdout)
参数的具体含义如下。

1）objects：表示输出的对象，输出多个对象时需要用"，"（逗号）分隔。
2）sep：用来间隔多个对象。
3）end：用来设定以什么结尾。默认值是换行符 \n，可以换成其他字符。
4）file：要写入的文件对象。

```
print(1)                    # 数值类型可以直接输出
print("Hello World！")      # 字符串类型可以直接输出
num = 10
print(num)                  # 输出数值型变量
str = 'Hello World！'
print(str)                  # 输出字符串变量
```

结果为：

1
Hello World！
10
Hello World！

如果不想换行输出，可以使用参数 end。

print(1,end=" ") # 不换行，以空格作为结尾
print(1,end="*") # 不换行，以 * 作为结尾
print("Hello World！ ") # 字符串类型可以直接输出

结果为：

1 1*Hello World！

a=1
b="Hello World"
print(a, b) # 可以一次输出多个对象，对象之间用逗号分隔

结果为：

1 Hello World

如果直接输出字符串，而不是用对象表示的话，则可以不使用逗号

print("Hello""world")   # 不添加逗号分隔符，字符串之间没有间隔
print("Hello","world")

结果为：

Helloworld
Hello world

如果在输出的字符串之间添加诸如"、*、#"等之类的间隔符，则可以使用 sep 参数。

print("www", "cswu", "cn", sep=".")
print("www", "cswu", "cn", sep="*")
print("www", "cswu", "cn", sep="#")

结果为：

www.cswu.cn
www*cswu*cn
www#cswu#cn

（2）格式化输出。有时候在输出一些浮点数的时候，需要保留小数点后的位数（精度），在 Python 中使用格式控制符"%"实现数据的格式化输出。

> **注意**
>
> 在浮点数的字段宽度中，小数点也占一位。

```
x = 2.159265367
print(' %9.3f ' %x)    # 精度为 3，字段宽度为 9，位数不够以空格填充
print(' %.3f ' %x)     # 精度为 3，没有指定字段宽度
print(' %4.3f ' %x)    # 精度为 3，字段宽度为 4，小于实际宽度 5，以实际宽度输出
print(' %5.3f ' %x)    # 精度为 3，字段宽度为 5，等于实际宽度 5
print(' %6.3f ' %x)    # 精度为 3，字段宽度为 6，位数不够以空格填充
```

结果为：

```
    2.159
2.159
2.159
2.159
 2.159
```

可以看到，当字段宽度大于实际宽度的时候，右对齐输出，在左边以空格填充。如果加上转换标志"+、-"，则填充会发生改变。"+"表示右对齐，可以省略；"-"表示左对齐。

```
x = 2.159265367
print(' %9.3f ' %x)      # 精度为 3，字段宽度为 9，右对齐，左边以空格填充
print(' %-9.3f*** ' %x)  # 精度为 3，字段宽度为 9，左对齐，右边以空格填充
print(' %6.3f ' %x)      # 字段宽度为 6，精度为 3
```

结果为：

```
    2.159
2.159    ***
 2.159
```

Python 的数据格式化输出除了可以控制浮点型数据外，还可以控制其他类型的数据，Python 的数据格式控制符见表 2-3。

表 2-3 格式控制符

格式控制符	说明	格式控制符	说明
%s	字符串的显示	%c	单个字符
%b	二进制整数	%e	指数（基底写 e）
%d	十进制整数	%E	指数（基底写 E）
%i	十进制整数	%f,%F	浮点数
%o	八进制整数	%g	指数（e）或浮点数（根据显示长度）
%x	十六进制整数	%%	字符 %

```
print("1,2,%5s,%d"%("asd",4))
str0="Hello World"
print("The length of \' %s\' is %d." %(str0,len(str0)))
a = 0xFF
print('hex=%x,dec=%d,oct=%o' %(a,a,a))
```

结果为：

1,2,   asd,4
The length of 'Hello World' is 11.
hex=ff,dec=255,oct=377

2. 输入

Python 提供了 input( ) 函数，可接收任意输入，将所有输入默认为字符串处理，并返回字符类型。如果需要输入整数类型，需要使用转换函数 int( ) 进行转换。例如：

```
a = input("input a: ")
print("a 的类型是：",type(a))
b = int(input("input b: "))
print("b 的类型是：",type(b))
```

结果为：

input a: 12
a 的类型是： <class 'str'>
input b: 12
b 的类型是： <class 'int'>

二、转义字符

在使用 Python 中的 print( ) 函数时，可能需要输出一些特殊的字符，但是由于是字符串，所以有些特殊的字符需要使用到转义字符。转义字符"\"可以转义很多字符，如"\n"表示换行，"\t"表示制表符。字符"\"本身也要转义，所以"\\"表示的字符就是"\"。

```
print("I\' m ok.")
print("I\' m learning\nPython.")
print("\\\n\\")
```

结果为：

I'm ok.
I'm learning
Python.
\
\

三、format( ) 格式化函数

相对于基本格式化输出采用"%"方法，format( ) 的功能更强大，该函数把字符串当成一个模板，通过传入的参数进行格式化，并且使用大括号"{}"作为特殊字符代替"%"。使用方法有两种：b.format(a) 和 format(a,b)。

（1）基本用法。

1）不带编号，即"{}"。

2）带数字编号，可调换顺序，如"{1}""{2}"。

3）带变量名，通过名字匹配，如"{a}""{b}"。

```
print('{} {}'.format('hello','world'))                          # 不带字段
print('{0} {1}'.format('hello','world'))                        # 带数字编号
print('{0} {1} {0}'.format('hello','world'))                    # 打乱顺序，以编号匹配
print('{1} {1} {0}'.format('hello','world'))
print('{str1} {str0} {str1}'.format(str0='hello',str1='world')) # 带变量名，通过名字匹配
```

结果为：

```
hello world
hello world
hello world hello
world world hello
world hello world
```

（2）进阶用法。

1）<（默认）左对齐、>右对齐、^中间对齐、=（只用于数字）在小数点后进行补齐。

2）取位数"{:4s}""{:.2f}"等。

```
print('{} and {}'.format('hello','world'))              # 默认左对齐
print('{:10s} and {:>10s}'.format('hello','world'))     # 取10位左对齐，取10位右对齐
print('{:^10s} and {:^10s}'.format('hello','world'))    # 取10位中间对齐
print('{} is {:.2f}'.format(1.123,1.123))               # 取2位小数
print('{0} is {0:>10.2f}'.format(1.123))                # 取2位小数，右对齐，取10位
```

结果为：

```
hello and world
hello      and      world
  hello    and   world
1.123 is 1.12
1.123 is       1.12
```

（3）多个格式化。

1）"b"：二进制。将数字以2为基数进行输出。

2）"c"：字符。在打印之前将整数转换成对应的Unicode字符串。

3）"d"：十进制整数。将数字以10为基数进行输出。

4）"o"：八进制。将数字以8为基数进行输出。

5）"x"：十六进制。将数字以16为基数进行输出，9以上的数用小写字母。

6）"e"：幂符号。用科学计数法打印数字。用"e"表示幂。

7)"g":一般格式。将数值以 fixed-point 格式输出。当数值特别大的时候,用幂形式打印。

8)"n":数字。当值为整数时和"d"相同,值为浮点数时和"g"相同。不同的是,它会根据区域设置插入数字分隔符。

9)"%":百分数。将数值乘以 100,然后以 fixed-point("f")格式打印,值后面会有一个百分号。

```
print('{0:b}'.format(3))
print('{:c}'.format(20))
print('{:d}'.format(20))
print('{:o}'.format(20))
print('{:x}'.format(20))
print('{:e}'.format(20))
print('{:g}'.format(20.1))
print('{:f}'.format(20))
print('{:n}'.format(20))
print('{:%}'.format(20))
```

结果为:

```
11
□
20
24
14
2.000000e+01
20.1
20.000000
20
2000.000000%
```

四、数据类型转换

在处理数据的过程中,需要经常地将数据在不同的数据类型之间进行转换。

```
strInput = input(" 请输入整数:")
print(" 输入的值是: ",strInput)
print(" 输入的类型是: ",type(strInput))
intInput = int(strInput)
print(" 输入的值是: ",intInput)
print(" 转换后的类型是: ",type(intInput))
floatInput = float(strInput)
print(" 输入的值是: ",floatInput)
print(" 转换后的类型是: ",type(floatInput))
```

结果为:

```
请输入整数：100
输入的值是： 100
输入的类型是： <class 'str'>
输入的值是： 100
转换后的类型是： <class 'int'>
输入的值是： 100.0
转换后的类型是： <class 'float'>
```

Python作为动态类型语言，进行数据运算时会对类型进行较为严格的检测，多数情况下不会自动进行类型转换，只会在数值类型内部进行整型、浮点型、逻辑型间的自动转换。进行少数逻辑判断时，会将不同类型转换为逻辑值。例如:

```
intVar = 10
floatVar = 5.5
boolVar = True
print("整数 + 浮点数：",intVar + floatVar)
print("整数 + 浮点数 结果的类型是：",type(intVar + floatVar))
print("整数 + 逻辑真：",intVar + boolVar)
print("整数 + 逻辑真 结果的类型是：",type(intVar + boolVar))
print("浮点数 + 逻辑真：",floatVar + boolVar)
print("浮点数 + 逻辑真 结果的类型是：",type(floatVar + boolVar))
print("逻辑真 + 逻辑真：",boolVar + boolVar)
print("逻辑真 + 逻辑真 结果的类型是：",type(boolVar + boolVar))
```

结果为:

```
整数 + 浮点数：15.5
整数 + 浮点数 结果的类型是： <class 'float'>
整数 + 逻辑真：11
整数 + 逻辑真 结果的类型是： <class 'int'>
浮点数 + 逻辑真：6.5
浮点数 + 逻辑真 结果的类型是： <class 'float'>
逻辑真 + 逻辑真：2
逻辑真 + 逻辑真 结果的类型是： <class 'int'>
```

可以看到，当算术运算符中的两个操作数分别是不同类型的数值时，Python进行隐式类型转换。数值类型内部隐式类型转换的规则见表2-4。

表2-4 数值类型内部隐式类型转换规则

操作数	int	float	bool
int		int → float	bool → int
float	int → float		bool → float
bool	bool → int	bool → float	bool → int

第三节　运算符和表达式

Python 语言包括以下类型的运算符：算术运算符、关系运算符、逻辑运算符、位运算符、赋值运算符等。这些运算符为 Python 提供了强大的表达能力，所以开发者可以写出功能不同的表达式。所谓表达式，则是指由运算符和操作数组成的式子。

运算符按照操作数的数量进行分类，一般分为单目运算符、双目运算符和三目运算符。单目运算只需要一个操作数，双目运算需要两个操作数，三目运算需要三个操作数。

当遇到优先级相同的运算符时，表达式应从左向右运算还是从右向左运算？如果运算符是左结合，那么表达式由左往右计算；同理，右结合是指表达式从右往左计算。

一、算术运算符

算术运算符是完成基本算术运算（Arithmetic Operators）的、用来处理四则运算的符号。Python 中，算术运算符要求参与运算的操作数都是同一类型的数据，Python 中提供的算术运算符见表 2-5。

表 2-5　算术运算符

运算符	含义	说明	实例
+	一元加运算符 / 操作数取正	单目运算符 右结合	+100 结果为 100 +（5-10）结果为 -5
-	一元减运算符 / 操作数取负	单目运算符 右结合	-100 结果为 -100 -（5-10）结果为 +5
+	加法	双目运算符 左结合	10+5 结果为 15
-	减法	双目运算符 左结合	10-5 结果为 5
*	乘法	双目运算符 左结合	5*6 结果为 30
/	除法	双目运算符 左结合	30/5 结果为 6 22/ 结果为 3.14285…
%	取模 / 取余数	双目运算符 左结合	22%7 结果为 1（余 1） 10%4 结果为 2（余 2）
**	幂	双目运算符 左结合	10**2 结果为 100 5**3 结果为 125
//	整除，向下取整	双目运算符 左结合	9//4 结果为 2 -9//4 结果为 -3

```
a,b = 5,10                      # 定义变量 a 和 b，分别取值 5 和 10
print(" 取正结果为： ",+(a-b))   # 对表达式 a-b 结果取正操作
print(" 取负结果为： ",-(a-b))   # 对表达式 a-b 结果取负操作
```

结果为：

取正结果为：5
取负结果为：-5

可以看到，表达式 a–b 的结果为正数，使用一元加运算符时，按照数的正负运算规则，结果为 5；同样的，在使用一元减法时，按照数的正负运算规则，结果为 –5。

```
a,b = 5,10                          # 定义变量 a 和 b，分别取值 5 和 10
print("a-b 结果为：",a-b)
print("a+b 结果为：",a+b)
print("1+'2' 结果为：",1+'2')
```

结果为：

```
a-b 结果为：–5
a+b 结果为：15
TypeError: unsupported operand type(s) for +: 'int' and 'str'
```

可以看到，最后一行代码报错，因为参与运算的操作数一个是整数，一个是字符串，类型不匹配，所以运算错误。

```
a,b = 9, 4                              # 定义变量 a 和 b，分别取值 9 和 4
print("%d 除以 %d 的余数为：%d"%(a,b,a%b))        # 输出 a 除以 b 的余数
print("–%d 除以 %d 的余数为：%d"%(a,b,–a%b))      # 输出 –a 除以 b 的余数
print("%d 除以 –%d 的余数为：%d"%(a,b,a%–b))      # 输出 a 除以 –b 的余数
print("–%d 除以 –%d 的余数为：%d"%(a,b,–a%–b))    # 输出 –a 除以 –b 的余数
print("%d 整除 %d 的结果为：%d"%(a,b,a//b))       # 输出 a 整除以 b 的结果
print("–%d 整除 %d 的结果为：%d"%(a,b,–a//b))     # 输出 –a 整除以 b 的结果
print("%d 整除 –%d 的结果为：%d"%(a,b,a//–b))     # 输出 a 整除以 –b 的结果
print("–%d 整除 –%d 的结果为：%d"%(a,b,–a//–b))   # 输出 –a 整除以 –b 的结果
```

结果为：

```
9 除以 4 的余数为：1
–9 除以 4 的余数为：3
9 除以 –4 的余数为：–3
–9 除以 –4 的余数为：–1
9 整除 4 的结果为：2
–9 整除 4 的结果为：–3
9 整除 –4 的结果为：–3
–9 整除 –4 的结果为：2
```

> **注意**
>
> 当两个整数相除求余数时，余数的正负与除数的正负保持一致；两个整数相除求商时，商的结果向下取整（向着数小的方向取整）。

二、关系运算符

关系运算符也称比较运算符，用于对常量、变量或表达式的结果进行大小比较。如

果这种比较是成立的，则返回 True（真），反之则返回 False（假），见表 2-6。

表 2-6　关系运算符

运算符	含义	说明	实例
==	等于	双目运算符 左结合	10==5 的结果为 False 5==5 的结果为 True
!=	不等于	双目运算符 左结合	10!=5 的结果为 True 10!=10 的结果为 False
>	大于	双目运算符 左结合	10>5 的结果为 True 5>10 的结果为 False
<	小于	双目运算符 左结合	10<5 的结果为 False 5<10 的结果为 True
>=	大于或等于	双目运算符 左结合	10>=5 的结果为 True 5>=5 的结果为 True
<=	小于或等于	双目运算符 左结合	10<=5 的结果为 False 5<=5 的结果为 True
is	标识号等于	双目运算符 左结合	None is None 的结果为 True True is None 的结果为 False
is not	标识号不等于	双目运算符 左结合	None is not None 的结果为 False True is not None 的结果为 True
in	成员包含	双目运算符 左结合	"a" in "abc" 的结果为 True "a" in "xyz" 的结果为 False
not in	成员不包含	双目运算符 左结合	"a" not in "abc" 的结果为 False "a" not in "xyz" 的结果为 True

（1）基本的比较运算符。

```
a, b, c = 1,4 ,9                          # 定义变量a、b和c，分别取值1、4和9
print("{0} 小于 {1} 小于 {2} 的结果：{3}".format(a,b,c, a<b<c))
print("{0} 小于 {1} 小于 {2} 的结果：{3}".format(a,b,c, a>b>c))
```

结果为：

1 小于 4 小于 9 的结果：True
1 小于 4 小于 9 的结果：False

（2）is 和 is not 运算符。

is 和 is not 比较的是两个操作数是否是同一个对象，是否指向同一个内存地址。当且仅当 x 和 y 是同一对象时，x is y 为 True（真），x is not y 则产生相反的逻辑值。

> **注意**
>
> is 和 is not 比较的不是操作数的值，而是经由 id() 函数产生的对象的 id 值（内存地址）。

```
a = "xyz"
b = "xyz"
```

```
c = "abc"
print("a 的 id 值：",id(a))
print("b 的 id 值：",id(b))
print("c 的 id 值：",id(c))
print(" 字符串'xyz'的 id 值：",id("xyz"))
print(" 字符串'abc'的 id 值：",id("abc"))
print("a is b：",a is b)
print("a is c：",a is c)
print("b is c：",b is c)
print("a is 字符串'xyz'：",a is "xyz")
print("a is 字符串'abc'：",a is "abc")
print("b is 字符串'xyz'：",b is "xyz")
print("b is 字符串'abc'：",b is "abc")
print("c is 字符串'xyz'：",c is "xyz")
print("c is 字符串'abc'：",c is "abc")
print("a is not 'abc'：",a is not "abc")
print("a is not 'xyz'：",a is not "xyz")
```

结果为：

```
a 的 id 值：1416057397008
b 的 id 值：1416057397008
c 的 id 值：1415961459600
字符串'xyz'的 id 值：1416057397008
字符串'abc'的 id 值：1415961459600
a is b：True
a is c：False
b is c：False
a is 字符串'xyz'：True
a is 字符串'abc'：False
b is 字符串'xyz'：True
b is 字符串'abc'：False
c is 字符串'xyz'：False
c is 字符串'abc'：True
a is not 'abc'：True
a is not 'xyz'：False
```

可以看到，变量 a、变量 b 和字符串常量"xyz"的 id 值是一样的，所以 a is b、a is "xyz"、b is 字符串"xyz"的结果是 True。变量 c 和字符串"abc"的 id 值也是一样的，所以 c is "abc"的结果是 True。

（3）== 运算符。很容易将 is 和 == 的功能混为一谈，其实 is 与 == 有本质上的区别。

```
a = "xyz"  # 定义变量 a，值为字符串"xyz"
b = "xy"   # 定义变量 b，值为字符串"xy"
```

```
b = b+"z"    # 将字符串 "xy" 与 "z" 连接到一起，形成新字符串 "xyz" 并保存到变量 b
print("a == b 的结果：",a == b)
print("a is b 的结果：",a is b)
print(" 变量 a 的 id 值：",id(a))
print(" 变量 b 的 id 值：",id(b))
```

结果为：

```
a == b 的结果： True
a is b 的结果： False
变量 a 的 id 值： 1416057397008
变量 b 的 id 值： 1416057341128
```

可以看到，由于 a 与 b 中的值都是"xyz"，所以"a==b"的结果是 True；但是，由于 a 和 b 指向不同的对象，所以"a is b"的结果是 False。

（4）in 和 not in 运算符。运算符 in 和 not in 用于成员检测。如果 x 是 s 的成员，则 x in s 的值为 True，否则为 False。x not in s 返回 x in s 取反后的值。

```
a = "xyz"             # 定义变量 a，值为字符串 "xyz"
print("a 字符串包含' x'： ",'x' in a)
print("a 字符串不包含' 1'： ",'1' not in a)
```

结果为：

```
a 字符串包含' x'： True
a 字符串不包含' 1'： True
```

三、逻辑运算符

逻辑运算符也称布尔运算符。在执行布尔运算的情况下，或是当表达式被用于流程控制语句时，False、None、所有类型的数字零，以及空字符串和空容器（包括字符串、元组、列表、字典、集合与冻结集合）均会被解析为"假"值。Python 提供的逻辑运算符见表 2-7。

表 2-7 逻辑运算符

运算符	含义	说明	实例
and	与	双目运算符 左结合	10 and 5 的结果为 5 True and False 的结果为 False
or	或	双目运算符 左结合	10 or 5 的结果为 10 True and False 的结果为 True
not	非	单目运算符 右结合	not True 的结果为 False not 0 的结果为 True

（1）逻辑"与"运算。"与"运算符（and）进行的是逻辑"乘"操作。表达式 x and y 首先对 x 求值，如果 x 为"假"，则返回 False，不会继续求 y 的值；如果 x 为"真"，则

会继续求 y 的值并返回其结果值。逻辑"与"操作的真值表见表 2-8。注意，其中的 T/F 表示逻辑真/假，括号中的 X/Y 表示实际的值是 X 表达式的结果，还是 Y 表达式的结果。

表 2-8　逻辑"与"真值表

X \ Y	T	F
T	T（Y）	F（Y）
F	F（X）	F（X）

True and print("Hello!")

结果为：

Hello!

False and print("Hello!")

结果为：

False

print(" 字符串'xyz' and 整数 5 结果为：","xyz" and 5)
print(" 字符串'xyz' and 字符串 'abc' 结果为：","xyz" and "abc")
print(" 空字符串'' and 整数 5 结果为：","" and 5)
print(" 整数 0 and 字符串'abc' 结果为：",0 and "abc")

结果为：

字符串'xyz' and 整数 5 结果为： 5
字符串'xyz' and 字符串'abc' 结果为： abc
空字符串'' and 整数 5 结果为：
整数 0 and 字符串'abc' 结果为： 0

（2）逻辑"或"运算。"或"运算符（or）进行的是逻辑"加"操作。表达式 x or y 首先对 x 求值，如果 x 为"真"，则返回其结果值，不会继续求 y 的值；如果 x 为"假"，则会继续求 y 的值并返回其结果值。逻辑"或"操作的真值表见表 2-9。

表 2-9　逻辑"或"真值表

X \ Y	T	F
T	T（X）	T（X）
F	T（Y）	F（Y）

True or print("Hello！")

结果为：

True

False or print("Hello！")

结果为：

Hello！

```
print("字符串'xyz' or 整数 5 结果为：","xyz" or 5)
print("字符串'xyz' or 字符串'abc' 结果为：","xyz" or "abc")
print("空字符串'' or 整数 5 结果为：","" or 5)
print("整数 0 or 字符串'abc' 结果为：",0 or "abc")
```

结果为：

```
字符串'xyz' or 整数 5 结果为： xyz
字符串'xyz' or 字符串'abc' 结果为： xyz
空字符串'' or 整数 5 结果为： 5
整数 0 or 字符串'abc' 结果为： abc
```

（3）逻辑"非"运算。"非"运算符（not）进行的是逻辑取"反"操作。运算符 not 将在其参数为假时产生 True，否则产生 False，见表 2-10。

表 2-10 逻辑"非"真值表

对象	值	
X	T	F
not X	F	T

```
print("非 X(True) 结果为 :",not True)
print("非 X(False) 结果为 :",not False)
print("非 X('xyz') 结果为 :", not "xyz")
print("非 X(1) 结果为 :",not 1)
print("非 X("") 结果为 :",not "")
print("非 X(0) 结果为 :",not 0)
```

结果为：

```
非 X(True) 结果为 : False
非 X(False) 结果为 : True
非 X('xyz') 结果为 : False
非 X(1) 结果为 : False
非 X('') 结果为 : True
非 X(0) 结果为 : True
```

四、位运算符

Python 中的"位"运算按照数据在内存中的二进制位（Bit）进行操作，参与位运算的操作数只能是整型、布尔型、字符型等，Python 的位运算符见表 2-11。

表 2-11 位运算符

运算符	含义	说明	实例
&	按位与	双目运算符 左结合	1 & 2 的结果为 0 8 & 9 的结果为 8

（续）

运算符	含义	说明	实例
|	按位或	双目运算符 左结合	1|2 的结果为 3 8|9 的结果为 9
^	按位异或	双目运算符 左结合	1^2 的结果为 3 8^9 的结果为 1
~	按位取反	单目运算符 右结合	~5 的结果为 −6 ~2 的结果为 −3
<<	按位左移	双目运算符 左结合	5<<1 的结果为 10 4<<2 的结果为 16
>>	按位右移	双目运算符 左结合	5>>1 的结果为 2 4>>2 的结果为 1

（1）按位"与"运算符"&"。按位"与"运算符"&"的运算规则是：只有参与"&"运算的两个二进制位都为 1 时，结果才为 1，否则为 0。这和逻辑运算符"and"类似，可以总结为"全 1 为 1，其他为 0"。

```
print(" 整数 8 的二进制表示：        ", bin(8))
print(" 整数 9 的二进制表示：        ", bin(9))
print("----------------------------------------")
print("8 按位与 9 结果二进制表示 :",bin(8 & 9))
print("8 按位与 9 结果十进制表示 :",8 & 9)
```

结果为：

```
整数 8 的二进制表示：         0b1000
整数 9 的二进制表示：         0b1001
----------------------------------------
8 按位与 9 结果二进制表示：   0b1000
8 按位与 9 结果十进制表示：   8
```

（2）按位"或"运算符"|"。按位"或"运算符"|"的运算规则是：只有参与"|"运算的两个二进制位都为 0 时，结果才为 0，否则为 1。这和逻辑运算中的"or"类似，可以总结为"全 0 为 0，其他为 1"。

```
print(" 整数 8 的二进制表示：        ", bin(8))
print(" 整数 9 的二进制表示：        ", bin(9))
print("----------------------------------------")
print("8 按位与 9 结果二进制表示 :",bin(8 | 9))
print("8 按位与 9 结果十进制表示 :",8 | 9)
```

结果为：

```
整数 8 的二进制表示：         0b1000
整数 9 的二进制表示：         0b1001
----------------------------------------
8 按位与 9 结果二进制表示：   0b1001
8 按位与 9 结果十进制表示：   9
```

（3）按位"异或"运算符"^"。按位"异或"运算符"^"的运算规则是：参与运算的两个二进制位不同时，结果为 1，相同时结果为 0。可以总结为"相同为 0，向异为 1"。

```
print(" 整数 8 的二进制表示：        ", bin(8))
print(" 整数 9 的二进制表示：        ", bin(9))
print("----------------------------------------")
print("8 按位与 9 结果二进制表示 :",bin(8 ^ 9))
print("8 按位与 9 结果十进制表示 :",8 ^ 9)
```

结果为：

```
整数 8 的二进制表示：        0b1000
整数 9 的二进制表示：        0b1001
----------------------------------------
8 按位与 9 结果二进制表示：   0b1
8 按位与 9 结果十进制表示：   1
```

（4）按位"取反"运算符"~"。按位"取反"运算符"~"为单目运算符，右结合性，作用是对参与运算的二进制位取反。例如，~1 为 0，~0 为 1，这和逻辑运算中的 not 非常类似。可以总结为"1 为 0，0 为 1"。但是要注意的是，Python 中整数的二进制表示使用的是补码形式，在进行位取反操作时要考虑到符号位。

```
print("2 按位取反结果为 :",~2)
print(" 整数 2 的二进制表示：   ","{:08b}".format(2)) # 结果以 8 位二进制显示
print(" 整数 2 取反的二进制表示 :{:08b}".format(~2))
```

结果为：

```
2 按位取反结果为 :-3
整数 2 的二进制表示：    00000010
整数 2 取反的二进制表示 :-0000011
```

（5）左移运算符"<<"。Python 中的左移运算符"<<"用来把操作数的各个二进制位全部左移若干位，高位丢弃，低位补 0。

```
print("15 的二进制表示 :{:08b}".format(15))
print("15 左移一位：     {:08b}".format(15<<1))
print("15 左移两位：     {:08b}".format(15<<2))
```

结果为：

```
15 的二进制表示 :00001111
15 左移一位：    00011110
15 左移两位：    00111100
```

（6）右移运算符">>"。Python 中的右移运算符">>"用来把操作数的各个二进制位全部右移若干位，低位丢弃，高位补 0 或 1。如果数据的最高位是 0，那么就补 0；如果最高位是 1，那么就补 1。

```
print("15 的二进制表示 :{:08b}".format(15))
print("15 右移一位：    {:08b}".format(15>>1))
print("15 右移两位：    {:08b}".format(15>>2))
```

结果为：

```
15 的二进制表示 :00001111
15 右移一位：    00000111
15 右移两位：    00000011
```

五、赋值运算符

赋值运算符用来把右侧的值传递给左侧的变量，也可以进行某些运算后再赋给左侧的变量，如加减乘除、函数调用、逻辑运算等。Python 中最基本的赋值运算符是"="，结合其他运算符，"="还能扩展出更强大的赋值运算符，见表 2-12。

表 2-12 赋值运算符

运算符	含义	说明	等价形式
=	赋值运算符	双目运算符 右结合	X=Y 等价于 X=Y
+=	加赋值运算符	双目运算符 右结合	X+=Y 等价于 X=X+Y
-=	减赋值运算符	双目运算符 右结合	X-=Y 等价于 X=X-Y
*=	乘赋值运算符	双目运算符 右结合	X*=Y 等价于 X=X*Y
/=	除赋值运算符	双目运算符 右结合	X/=Y 等价于 X=X/Y
%=	取余数赋值运算符	双目运算符 右结合	X%=Y 等价于 X=X%Y
**=	幂赋值运算符	双目运算符 右结合	X**=Y 等价于 X=X**Y
//=	取整数赋值运算符	双目运算符 右结合	X//=Y 等价于 X=X//Y
&=	按位与赋值运算符	双目运算符 右结合	X&=Y 等价于 X=X&Y
|=	按位或赋值运算符	双目运算符 右结合	X|=Y 等价于 X=X|Y
^=	按位异或赋值运算符	双目运算符 右结合	X^=Y 等价于 X=X^Y
<<=	左移赋值运算符	双目运算符 右结合	X<<=Y 等价于 X=X<<Y
>>=	右移赋值运算符	双目运算符 右结合	X>>=Y 等价于 X=X>>Y

```
a ,b = 1 , 2
a += b
print("a+b=",a)  # 1+2=3
a -= b
```

```
print("a-b=",a)   # 3-2=1
a *= b
print("a*b=",a)   # 1*2=2
a /= b
print("a/b=",a)   # 2/2=1.0
a %= b
print("a%b=",a)   # 1%2=1.0
c ,d = 0 , 2
c &= d
print("c&d=",c)   # 0&2=0
c |= d
print("c|d=",c )  # 0|2=2
```

结果为：

```
a+b= 3
a-b= 1
a*b= 2
a/b= 1.0
a%b= 1.0
c&d= 0
c|d= 2
```

六、运算符优先级

当多个运算符同时出现在一个表达式中时，先执行哪个运算符？这就是运算符的优先级。

表 2-13 对 Python 中运算符的优先顺序进行了总结，从最高优先级到最低优先级，相同单元格内的运算符具有相同的优先级。

表 2-13 运算符优先级

级别	运算符	描述
从高到低	()	圆括号运算符
	**	幂运算符
	~、+、-	按位翻转、一元加号和减号运算符
	*、/、%、//	乘、除、求余数和取整除运算符
	+、-	加法、减法运算符
	>>、<<	右移、左移运算符
	&	按位与运算符
	^、|	异或、位或运算符
	<=、<、>、>=	比较运算符
	==、!=	等于运算符
	=、%=、/=、//=、-=、+=、*=、**=	赋值运算符
	is、is not	标识号比较运算符
	in、not in	成员运算符
	not、and、or	逻辑运算符

虽然 Python 提供了运算符的优先级关系，但是不建议过度依赖运算符的优先级，尤其不建议写复杂的表达式，这会导致程序的可读性降低、容易出错，还会导致维护成本的增加。一种比较好的实践方式是把表达式写得简单一些。如果一个表达式过于复杂，则可以尝试把它拆分，由多个表达式来实现功能。此外，应尽量使用括号（）来控制表达式的执行，这样较清晰明了，也不易出错。

```
x = int(input(″请输入 x 的值（整数）:″))
print(″自然常数 e 的近似值：″,(1+1/x)**x)
```

结果为：

```
请输入 x 的值（整数）:100
自然常数 e 的近似值： 2.7048138294215285
```

第四节　字符串处理功能与方法

字符串序列用于表示和存储文本，Python 中的字符串是不可变对象。字符串是一个有序的字符集合，用于存储和表示基本的文本信息。使用一对单引号、双引号或三引号作为定界符，并且不同的定界符之间可以互相嵌套，如 'python'、"python"、'''python'''、'''Jane said ,"Let's go" ''' 等。

一、字符编码的概念

字符编码（Character Encoding）是将字符集中的字符码映射为字节流的一种具体实现方案，常见的字符编码有 ASCII 编码、GBK 编码、Unicode、UTF-8 编码等。

1. ASCII 编码

常用字符比较有限，26 个字母（大小写）、10 个数字、标点符号、控制符等在计算机中用一个字节的存储空间来表示，一个字节相当于 8 个比特位，所以 8 个比特位可以表示 256 个符号。美国国家标准协会（ANSI）制定了一套字符编码的标准，称为 ASCII（American Standard Code for Information Interchange），每个字符都对应唯一的一个数字，比如，字符"A"对应数字是 65，"B"对应 66，以此类推。最早 ASCII 只定义了 128 个字符编码，包括 96 个文字和 32 个控制符号，只需要一个字节的 7 位就能表示所有的字符，因此 ASCII 只使用了一个字节的后 7 位，剩下的最高位被用作奇偶校验。

2. GBK 编码

ASCII 编码是单字节编码，计算机进入我国后面临的一个问题是如何处理汉字。一个字节最多只能表示 256 个字符。要处理中文，显然一个字节是不够的，所以需要采用两个字节来表示，而且还不能和 ASCII 编码冲突，所以，我国制定了 GB 2312 编码，用来把中文编进去。GBK 则是汉字内码扩展规范，共收入 21 886 个汉字和图形符号，包括 GB 2312 中的全部汉字，非汉字符号。同样，GBK 也是兼容 ASCII 编码的，英文字符用 1 个字节来表示，汉字用两个字节来表示。

3. Unicode

各个国家都有一套自己的编码，就不可避免地会有冲突。因此，Unicode 应运而生。Unicode 把所有语言都统一到一套编码里，这样就不会再有乱码问题了。Unicode 标准也在不断发展，但最常用的是用两个字节表示一个字符（如果要用到非常偏僻的字符，就需要 4 个字节）。目前的操作系统和大多数编程语言都直接支持 Unicode。

如果把 ASCII 编码的 A 用 Unicode 编码，那么只需要在前面补 0 就可以，因此 A 的 Unicode 编码是 0000000001000001。汉字"中"已经超出了 ASCII 编码的范围，用 Unicode 编码是十进制的 20013，二进制的 0100111000101101。但是，如果文本基本上全部是英文的话，那么用 Unicode 编码比用 ASCII 编码需要多一倍的存储空间，在存储和传输上十分不划算。

4. UTF-8 编码

基于节约的原则，出现了把 Unicode 编码转换为"可变长编码"的 UTF-8 编码。UTF-8 编码把一个 Unicode 字符根据不同的数字大小编码成 1～6 个字节，常用的英文字母被编码成 1 个字节，汉字通常是 3 个字节，只有很生僻的字符才会被编码成 4～6 个字节。如果文本包含大量英文字符，那么用 UTF-8 编码就能节省空间了，见表 2-14。

表 2-14 字符编码

字符	ASCII	Unicode	UTF-8
A	01000001	00000000 01000001	01000001
中	x	01001110 00101101	11100100 10111000 10101101

可以发现，UTF-8 编码有一个额外的好处，就是 ASCII 编码实际上可以被看成是 UTF-8 编码的一部分，所以大量只支持 ASCII 编码的软件可以在支持 UTF-8 编码的软件下继续工作。

在计算机内存中，统一使用 Unicode 编码，当需要保存到硬盘或者需要传输的时候，就转换为 UTF-8 编码。用记事本编辑的时候，从文件读取的 UTF-8 字符被转换为 Unicode 字符并存到内存里，编辑完成后，保存的时候再把 Unicode 字符转换为 UTF-8 字符保存到文件。

二、字符串运算符与切片

字符串是 Python 中最常用的数据类型。定义一个字符串很简单，只要使用引号创建并为变量分配一个值即可。例如：

```
str0 = 'python'
```

```
str0 = "python"
str0 = '''python'''
```

也可以使用函数 str() 定义一个空字符串。

str0=str() 等价于 str0 ='' 或 str0 ="" 或 str0 =""" """

字符串可以单个访问，也可以切片访问。访问单个元素，给出下标即可，第一个元素的下标是 0，第二个元素的下标是 1，以此类推，每一个元素的下标依次加 1，最后一个元素的下标是字符串长度减 1。

元素的下标索引可以为正索引，也可以为负索引。负索引从最后一个元素下标开始，为 –1，倒数第二个元素下标为 –2，以此类推，向前的每一个元素下标依次加 –1。

如果有一个字符串"abcdefghi"，那么它对应的索引元素值见表 2-15。

表 2-15 索引元素值

元素值	a	b	c	d	e	f	g	h	i
正索引	0	1	2	3	4	5	6	7	8
负索引	–1	–2	–3	–4	–5	–6	–7	–8	–9

```
str1="abcdedfghi"
print(str1[0])
print(str1[1])
print(str1[2])
```

结果为：

```
a
b
c
```

1. 字符串运算符

所有标准序列操作运算符，如加法、乘法、成员运算符等，都适用于字符串，见表 2-16。

表 2-16 字符串运算符

运算符	描述
+	字符串连接
*	字符串倍增
in	成员运算符
not in	成员运算符

（1）+ 运算符。+ 运算符可以连接两个字符串，但是参与运算的两个操作数必须都是字符串类型。操作的结果是一个新的字符串。例如：

```
strName = input("请输入姓名：")
strBirthday = input("请输入你的生日：")
strColor = input("请输入你喜欢的颜色：")
print("你的姓名是："+strName)
```

```
print(" 你的生日是："+strBirthday)
print(" 你喜欢的颜色是："+strColor)
```

结果为：

```
请输入姓名：杰克
请输入你的生日：1999-12-27
请输入你喜欢的颜色：红色
你的姓名是：杰克
你的生日是：1999-12-27
你喜欢的颜色是：红色
```

（2）*运算符。当*运算符作用于字符串时，是字符串倍增操作。倍增操作可将字符串重复指定次数。例如：

```
print("-"*20)
print("Hello"+"World")
print("-"*20)
```

结果为：

```
--------------------
HelloWorld
--------------------
```

（3）in、not in 运算符。in、not in 运算符可用于判断字符子串是否存在于指定的字符串中。结果是布尔型，根据具体情况，结果为真（True）或假（False）。例如：

```
print(" 字符'H'是否在单词'Hello'中：",'H' in "Hello")
print(" 字符'A'是否在单词'Hello'中：",'H' not in "Hello")
```

结果为：

```
字符'H'是否在单词'Hello'中：True
字符'A'是否在单词'Hello'中：False
```

成员运算符常用于确定字符串中是否包含需要的信息，或者包含不需要的信息。

```
info = input(" 请输入学生列表（使用逗号分隔):")
print("-"*65)
student = input(" 请输入需要查找的学生 :")
print("-"*65)
print(" 输入的学生列表为：",info)
print(student+(" 在列表中。" if student in info else " 不在列表中 "))
```

结果为：

```
请输入学生列表（使用逗号分隔):杰克，斯派洛，伊丽莎白，威尔，特纳
-----------------------------------------------------------------
```

> 请输入需要查找的学生：威尔
> --
> 输入的学生列表为：杰克，斯派洛，伊丽莎白，威尔，特纳
> 威尔在列表中。

2. 字符串的切片操作

格式：<字符串>[<起始位置>：<终止位置>：<步长>]。

步长为1，每次走一步；步长为2，每次走两步，中间隔一位。得到从<起始位置>开始，间隔为<步长>，到<终止位置>前一个字符结束的字符串，该区间是一个左闭右开区间。步长可以为正，也可以为负。

起始位置可以省略，表示起始位置为0，从第一个开始。<终止位置>可以省略，表示终止位置为末尾，到最后一个为止。步长也可以省略，表示步长为1。

```
str1="abcdefghi"
print(str1[0:9])     #输出第0～9个元素（不包括第9个），默认步长为1，全部输出字符串，即"abcdefghi"
print(str1[0:8:2])   #输出第0～8个元素（不包括第8个），步长为2，隔一个输出一个，即"aceg"
print(str1[0:-1:2])  #输出第0个元素到最后一个元素（不包括最后一个元素），步长为2，隔一个输出一个，即"aceg"
print(str1[8:0:-1])  #输出第8～0个元素（不包括第0个），步长为-1，即"ihgfedcb"
print(str1[::-1])    #省略了起始位置和终止位置，默认输出从末尾元素到第0个元素，步长为-1，逆序输出，即"ihgfedcba"
print(str1[::])      #省略了起始位置、终止位置和步长，则输出默认从第0个元素到末尾元素，默认步长为1，全部输出字符串，即"abcdefghi"
print(str1[0:-2])    #输出第0个元素到倒数第2个元素（不包括倒数第2个），默认步长为1，即"abcdefg"
print(str1[:-2])     #省略了起始位置，输出默认第0个元素到倒数第2个元素（不包括倒数第2个），默认步长为1，即"abcdefg"
print(str1[-2:])     #省略了终止位置，输出倒数第2个元素到默认末尾元素，默认步长为1，即"hi"
print(str_0[-2:0])   #起始位置为-2，终止位置为0，起始位置在终止位置的后面，应该逆序取元素，但默认步长为1，无法完成，因此结果为空
print(str_0[-2:0:-1]) #输出倒数第2个元素到第0个元素（不包括第0个），默认步长为1，即"hgfedcb"
```

三、字符串常用函数和方法

在Python中，字符串的常用函数和方法有字符串长度获取、字母处理、字符串搜索、字符串替换、字符串去空格及去指定字符、字符串判断相关、格式相关等。

1. 字符串长度获取 len()

```
str2="hello,wORld"
```

```
len(str2)    #结果为 12
```

2. 字母处理

str2=" hello,wORld! "

全部大写：

```
str2.upper()    #结果为 ' HELLO,WORLD! '
```

全部小写：

```
str2.lower()    #结果为 ' hello,world! '
```

大小写互换：

```
str2.swapcase()  #结果为 ' HELLO,WorLD! '
```

字符串的首字母大写，其余小写：

```
str2.capitalize()    #结果为 ' Hello,world! '
```

字符串内所有单词的首字母大写，其余小写：

```
str2.title()  #结果为 ' Hello,World! '
```

3. 字符串搜索

str2="hello,wORld"

（1）从左到右搜索字符串中的指定元素，如果有，则返回在字符串中第1次出现的索引位置值，没有则返回 −1。

```
str2.find('l')        #结果为 2
str2.find('L')        #结果为 −1
str2.find('wO')       #结果为 6
str2.find(' w O ')    #结果为 −1
```

（2）从字符串中指定的起始位置开始搜索，如果有，则返回在字符串中第1次出现的索引位置值，没有则返回 −1。

```
str2.find('w',6)    #从第 6 个位置开始搜索"w"，结果为 6
str2.find('w',7)    #从第 7 个位置开始搜索"w"，没有搜到，结果为 −1
```

（3）从字符串中指定的起始位置开始搜索至结束位置（左闭右开区间），如果有，则返回在字符串中第1次出现的索引位置值，没有则返回 −1。

```
str2.find('w',0,7)    #从第 0 个位置开始至第 7 个位置搜索"w"，结果为 6
str2.find('w',0,6)    #从第 0 个位置开始至第 6 个位置搜索"w"，没有搜到，结果为 −1
str2.find('w',7,12)   #从第 7 个位置开始至第 12 个位置搜索"w"，没有搜到，结果为 −1
```

（4）从右到左搜索字符串中的指定元素，如果有，则返回在字符串中从右边开始第 1 次出现的索引位置值，没有则返回 –1。

```
str.rfind('l')          # 结果为 9
str.rfind('L')          # 结果为 –1
str2.rfind('w',7)       # 从最右边向左到第 7 个位置搜索 "w"，没有搜到，结果为 –1
str2.rfind('w',6)       # 从最右边向左到第 6 个（包含）位置搜索 "w"，结果为 6
str2.rfind('l',0,7)     # 从第 0 个位置开始至第 7 个位置（左闭右开区间），从右向左搜索 "w"，结果为 3
str2.rfind('l',0,3)     # 从第 0 个位置开始至第 3 个位置（左闭右开区间），从右向左搜索 "w"，结果为 2
```

> **注意**
>
> 上面所有的 find( ) 方法都可用 index( ) 代替，不同的是使用 index( ) 查找不到时会抛异常，而 find( ) 返回 –1。

（5）搜索到多少个指定字符串的元素，如果没有搜索到，结果返回 0。

```
str2.count('l')         # 搜索字符串 str2 中有多少个 "l"，结果为 3
str2.count('p')         # 搜索字符串 str2 中有多少个 "p"，没有搜索到，结果为 0
str2.count('OR')        # 搜索字符串 str2 中有多少个 "OR"，结果为 1
str2.count('l',2,3)     # 从第 2 个位置开始至第 3 个位置（左闭右开区间），搜索字符串 str2 中有多少个 "l"，结果为 1
```

4. 字符串替换

替换 old 为 new：

string.replace('old','new')

替换指定次数的 old 为 new：

```
string.replace('old','new', 次数 )
str2="hello,wORld!"
str2.replace('OR','or')      # 用 "or" 替换 "OR"，结果为 "hello,world!"
str2.replace('l','L',2)      # 用 "L" 替换 "l" 两次，结果为 "heLLo,wORld!"
str2.replace('l','L',3)      # 用 "L" 替换 "l" 3 次，结果为 "heLLo,wORLd!"
```

5. 字符串去空格及去指定字符

去两边空格：string.strip()。
去左空格：string.lstrip()。
去右空格：string.rstrip()。
去两边字符串的字符：string.strip('字符')，相应的，也有 lstrip()、rstrip()。

```
str3=' hello,wORld! '
str3.strip()            # 去掉两边空格，结果为 "hello,wORld!"
```

```
str3.lstrip()        # 去掉左边空格，结果为 "hello,wORld! "
str3.rstrip()        # 去掉右边空格，结果为 " hello,wORld!"
str2='hello,wORld!'
str3.strip('he')     # 去掉两边的字符 "he"，结果为 "llo,wORld!"
```

按指定字符分割字符串为列表：string.split（'指定字符'）。

string.split()表示默认按空格分割。

```
str4='p y t h on'
str4.split()         # 按空格分割，结果为 ['p', 'y', 't', 'h', 'on']
str4.split('_')      # 按下画线分割，结果为 ['p y t h on']
str4='p_y_t_h on'
str4.split('_')      # 按下画线分割，结果为 ['p', 'y', 't', 'h on']
```

6. 字符串判断相关

是否以 start 开头：string.startswith（'start'）。

是否以 end 结尾：string.endswith（'end'）。

是否全为字母或数字：string.isalnum()。

是否全为字母：string.isalpha()。

是否全为数字：string.isdigit()。

是否全为小写：string.islower()。

是否全为大写：string.isupper()。

```
str4='p y t h on'
str4.startswith('p')   # 判断是否以 "p" 开头，结果为 True
str4.startswith('py')  # 判断是否以 "py" 开头，结果为 False
str4.endswith('on')    # 判断是否以 "on" 结尾，结果为 True
str4.isalnum()         # 判断是否全为字母或数字，因 str4 中有空格，所以结果为 False
str5='python'
str5.isalnum()         # 判断是否全为字母或数字，结果为 True
str6='12345'
str6.isalnum()         # 判断是否全为字母或数字，结果为 True
str6.isdigit()         # 判断是否全为数字，结果为 True
str5.isalpha()         # 判断是否全为字母，结果为 True
str5.islower()         # 判断是否全为小写字母，结果为 True
str5.isupper()         # 判断是否全为大写字母，结果为 False
```

7. 格式相关

获取固定长度，右对齐，左边不够用空格补齐：str.ljust(width)。

获取固定长度，左对齐，右边不够用空格补齐：str.ljust(width)。

获取固定长度，中间对齐，两边不够用空格补齐：str.center(width)。

获取固定长度，右对齐，左边不足用 0 补齐：string.zfill(width)。

```
str6='12345'
str6.ljust(7)      # 获取固定长度 7，左对齐，右边补两个空格，结果为"12345  "
str6.rjust(7)      # 获取固定长度 7，右对齐，左边补两个空格，结果为"  12345"
str6.center(7)     # 获取固定长度 7，中间对齐，两边各补一个空格，结果为" 12345 "
str6.zfill(7)      # 获取固定长度 7，右对齐，左边补两个 0，结果为"0012345"
```

第五节　程序基本结构

程序包括顺序、选择、循环三种基本结构，任何程序都可以由这三种基本结构组合而成。

一、顺序结构

任何一件事情的处理都是有顺序的，顺序结构表示程序中的各操作是按照它们出现的先后顺序执行的，其流程如图 2-1 所示。

大家都有到快递代收点取快递的经历，用流程图描述取快递的过程，如图 2-2 所示。

图 2-1　顺序结构流程图

任意两个数求和，都应该首先分别输入两个数，然后求和，最后输出计算结果，整个求解过程属于典型的顺序结构，如图 2-3 所示。

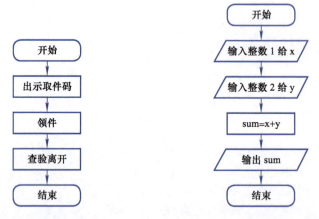

图 2-2　取快递流程图　　　图 2-3　求两个数之和流程图

```
x=int(input('请输入整数 1：'))
y=int(input('请输入整数 2：'))
sum=x+y
print('两数的和为：',sum)
```

结果为：

请输入整数1：45
请输入整数2：6
两数的和为：51

计算圆的面积，设圆的半径为 r，面积为 s，根据数学中圆的面积公式可知 s=3.1415926*r*r。首先输入半径，然后根据求解公式计算，最后输出计算结果，整个求解过程属于顺序结构的范畴，如图 2-4 所示。

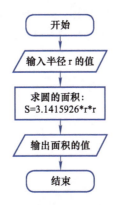

图 2-4　计算圆面积流程图

```
r=float(input(" 请输入圆的半径：")); 
s=3.1415926*r*r;
print(' 圆的面积为：',s);
```

结果为：

请输入圆的半径：3
圆的面积为：28.274333400000003

二、选择结构

选择结构顾名思义是要进行选择的结构。当程序在某个处理过程中遇到了很多分支，无法按直线走下去时，它需要根据某一特定的条件选择其中的一个分支执行。选择结构有单分支、双分支和多分支三种形式，流程图如图 2-5 所示。

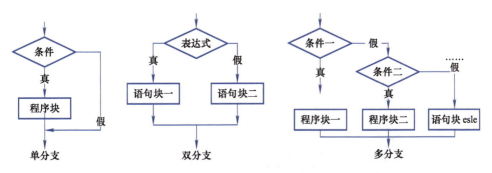

图 2-5　选择结构流程图

1. 单分支语句

在 Python 程序中，当满足某个特定条件才执行一些操作时，可用单分支 if 语句。单分支 if 语句语法结构如下：

if 条件：
    程序块

单分支 if 语句执行过程：如果条件为真，则执行冒号后的程序块；如果条件为假，则不执行程序块。例如，某教育机构规定，如果学员成绩达到 60 分，就为其颁发合格证书，流程图如图 2-6 所示。

图 2-6 颁发合格证书流程图

```
score=int(input("考核成绩为：" ))
if score>=60:
    print(" 颁发合格证书 ")
```

结果为：

考核成绩为：80
颁发合格证书

2. 双分支语句

在 Python 程序中，当根据条件进行选择时，如果条件成立，则选择执行某一操作，否则执行另一操作，可用双分支 if…else 语句，其语法结构如下：

if 条件：
    程序块一
else：
    程序块二

双分支 if…else 语句执行过程：如果条件为真，则执行程序块一；如果条件为假，则执行语句块二。例如，购物超市出口一般设有未购物通道，按超市规定出超市时，如果顾客没有购物，则应走未购物通道，否则走收银台结账通道出来，流程图如图 2-7 所示。

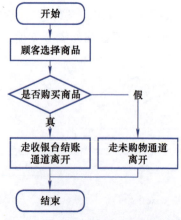

图 2-7 超市购物通道选择流程图

3. 多分支语句

在日常生活中，有时需要根据特定的条件在多个选择中择其一执行。在 Python 程序中，当需要根据某特定条件在多个选择中择其一执行时，可用 if…elif…else 语句。其语法结构如下：

if 条件一：
  程序块一
elif 条件二：
  程序块二
elif 条件三：
  程序块三
  …
else：
  程序块 else

多分支语句执行过程：如果条件一为真，则执行程序块一；否则（即条件一为假），如果条件二为真，则执行程序块二；否则（即条件一和条件二均为假），如果条件三为真，执行程序块三，以此类推，如果以上条件均不成立，执行程序块 else。例如，编写一个程序，功能是从键盘输入 1～4 中的某一个数字，由计算机打印出其对应的英文名称。可选用 if…elif…else 语句实现，流程图如图 2-8 所示。

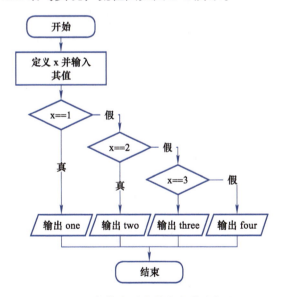

图 2-8　多数字对应英文名称流程图

```
x=int(input('请输入一个值为 1～4 的整数：'))
if x==1:
    print('one')
elif x==2:
    print('two')
```

```
elif x==3:
    print('three')
else:
    print('four')
```

结果为：

```
请输入一个值为 1 ～ 4 的整数：3
three
```

4．分支语句嵌套

分支语句嵌套是指一个分支语句中可以包含另一个分支语句，前面的三种分支语句都可以进行嵌套使用。系统并没有规定嵌套的层数，但层数太多会降低程序可读性，且维护较为困难。例如：输入一个整数，如果这个数是偶数，则打印"xx 是偶数"，同时判断它是否能被 4 整除，如果可以，则再打印"xx 是 4 的倍数"；如果不是偶数，则只打印"xx 是奇数"。流程图如图 2-9 所示。

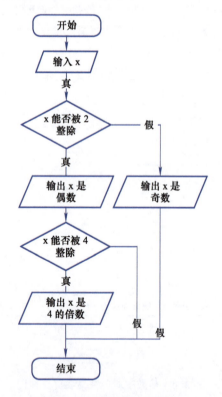

图 2-9　判断奇偶流程图

```
x=int(input(' 请输入一个整数：'))
if x%2==0:
    print(x,' 是偶数 ')
    if x%4==0:
```

```
        print(x,' 是 4 的倍数 ')
else:
        print(x,' 是奇数 ')
```

结果为：

```
请输入一个整数：20
20 是偶数
20 是 4 的倍数
```

三、循环结构

循环结构用来表示反复执行某些操作的过程，直到循环条件为假结束。循环语句允许执行一个语句或语句组多次。在 Python 中，常用的循环语句有 while 语句和 for 语句。

1．while 语句

while 语句的语法结构如下：

while 条件：
　　程序块

while 语句执行过程：如果条件为真，则反复执行程序块；如果条件为假，则结束 while 循环，继续执行 while 循环后面的代码。流程图如图 2-10 所示。

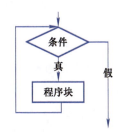

图 2-10　while 语句执行流程图

> **注意**
> （1）while 语句与 if 语句的区别：if 语句后的程序块最多执行一次；while 语句后的程序块在其条件为真时，会被反复执行。
> （2）构造 while 循环时，语句中至少有一个地方能让该循环结束，否则会形成无限循环。

例如：求 1～100 之间的所有整数的和，流程图如图 2-11 所示。

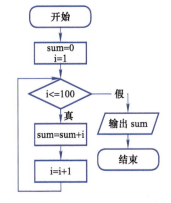

图 2-11　求 1～100 的和的流程图

```
sum=0
i=1
while i<=100:
    sum=sum+i
    i=i+1
print(sum)
```

结果为：

5050

2. for 语句

Python 中，for 循环和 while 循环在本质上是没有区别的，但在实际应用上，针对性不太一样，for 循环主要应用在序列遍历中。

for 语句的一般形式为：

  for 变量 in 序列：

    程序块

for 语句执行过程：首先取序列中的第一个元素作为变量的值，执行程序块，然后依次取序列中的下一个元素作为变量的值，再一次执行程序块，反复下去，直到序列中的所有元素全取出为止。for 循环执行时，系统自动将序列中的元素依次作为变量的值，反复执行程序块，即序列中有多少个元素，就会执行多少次程序块。如果需要遍历数字序列，可以使用内置 range( ) 函数生成数列。for 语句的执行流程图如图 2-12 所示。

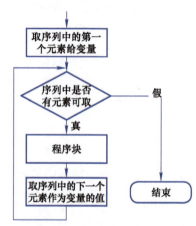

图 2-12　for 语句执行流程图

例如：求一个整数的阶乘，流程图如图 2-13 所示。

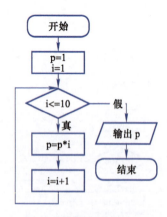

图 2-13　求整数的阶乘流程图

```
p=1
n=int(input("请输入一个整数："))
```

```
for i in range(1,n):
    p=p*i
print(p)
```

结果为：

```
请输入一个整数：5
24
```

3．循环辅助语句

一般情况下，循环是按照循环条件正常执行和终止的，但有时候在循环执行的过程中需要提前终止，这时就要用到 break 语句。有时候又不希望终止整个循环操作，而只希望提前结束本次循环，接着执行下次循环，这时可以用 continue 语句。

例如： 某校在 1000 个老师中征集慈善募捐，当总数达到 10 万元时就结束，统计此时捐款的人数，流程图如图 2-14 所示。

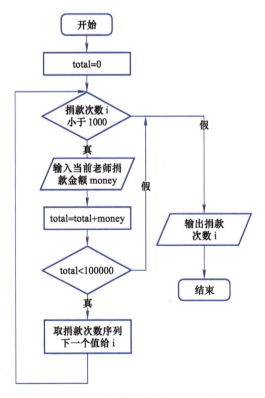

图 2-14　征集慈善募捐流程图

```
total=0
for i in range(1,1001):
    money=int(input(' 请输入募捐的金额：'))
    total=total+money
    if total>=100000:
```

```
        break
print("捐款人数为：",i)
```

结果为：

```
请输入募捐的金额：5000
请输入募捐的金额：2000
请输入募捐的金额：2000
请输入募捐的金额：1000
请输入募捐的金额：90000
捐款人数为： 5
```

例如： 对已有的计算 1～100 之间的所有整数的和进行改造，只计算其中奇数的和，流程图如图 2-15 所示。

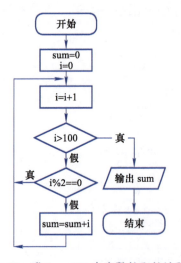

图 2-15　求 1～100 中奇数的和的流程图

```
sum = 0
i = 0
while True:
    i = i + 1
    if i > 100:
        break
    if i % 2 == 0:
        continue
    sum += i
print("1～100 中奇数的和是：",sum)
```

结果为：

1～100 中奇数的和是： 2500

4. 循环嵌套

一个循环体内又包含另一个完整的循环结构,称为循环嵌套。内嵌的循环中还可以嵌套循环,即为多层循环。

> **注意**
> (1) 嵌套的原则:不允许交叉。
> (2) 循环与分支可以相互嵌套,但不允许交叉。

例如:打印九九乘法表,流程图如图 2-16 所示。

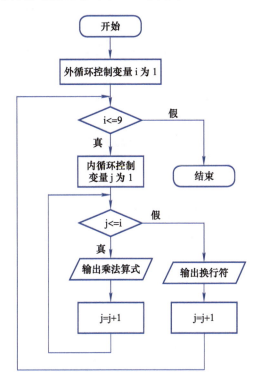

图 2-16 九九乘法表打印流程图

```
for i in range(1,10):  #9 行
    for j in range(1,i+1):  # 每行打印 i 个算式
        print("%d*%d=%-3d"%(j,i,j*i),end=' ')
    print('')   # 换行 i
```

结果为:

```
1*1=1
1*2=2   2*2=4
1*3=3   2*3=6   3*3=9
1*4=4   2*4=8   3*4=12  4*4=16
1*5=5   2*5=10  3*5=15  4*5=20  5*5=25
```

```
1*6=6   2*6=12  3*6=18  4*6=24  5*6=30  6*6=36
1*7=7   2*7=14  3*7=21  4*7=28  5*7=35  6*7=42  7*7=49
1*8=8   2*8=16  3*8=24  4*8=32  5*8=40  6*8=48  7*8=56  8*8=64
1*9=9   2*9=18  3*9=27  4*9=36  5*9=45  6*9=54  7*9=63  8*9=72  9*9=81
```

小结

Python 包括常用的基本数据类型、保留字（关键字）、注释和缩进规则，还包括变量、常量、运算符和表达式。使用简单的输入与输出、转义字符和格式化函数，利用程序的三种基本结构思路和结构化思想进行编码，可解决实际问题。

实训

实训：我国现有 14 亿人口，设每年增长 0.8%，编写程序，计算多少年后达到 26 亿？

算法设计：人口从 14 亿开始，每年不断地增长 0.8%，直到达到 26 亿后截止，可用 while 循环结合 break 实现。

流程图：如图 2-17 所示。

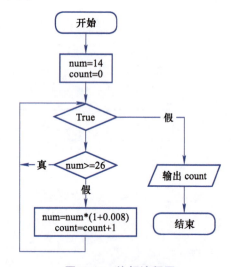

图 2-17　执行流程图

代码实现：

```
num = 14 # 人数
count = 0 # 计数
while True:
    if num>=26:
        break
    num=num*(1+0.008)
```

```
count=count+1
print(count)
```

运行结果：

78

练 习

一、选择题

1. 以下（　　）数据类型不是 Python 中的内置数据类型。
   A. 数值型　　　　　　　　　B. 布尔/逻辑型
   C. 字符串型　　　　　　　　D. 字符型

2. 关于 Python 变量名，以下选项中错误的是（　　）。
   A. IF = 100　　　　　　　　B. Var100 = "abc"
   C. _100 = "100"　　　　　　D. True = 0

3. 关于 Python 中的逻辑运算，以下选项中描述错误的是（　　）。
   A. 逻辑运算要求参与运算的操作数都是逻辑类型
   B. 整数 1 在参与逻辑运算过程中，被视为逻辑真值
   C. 逻辑运算的结果不一定是布尔值
   D. 空字符串在逻辑运算中被视为逻辑假值

4. 下面代码的输出结果是（　　）。
   print(11 % 5)
   A. 2　　　　B. 2.2　　　　C. 0　　　　D. 1

5. 下列（　　）选项是错误的。
   A. a = 1 + "2"　　　　　　　B. a = 1 + 10.0
   C. a = 1 + True　　　　　　D. a = False + True

6. 下列不是整型的是（　　）。
   A. 160　　　B. −78　　　　C. 0x123　　　D. 1.0

7. （　　）选项不是 Python 的保留字。
   A. True　　　B. if　　　　C. def　　　　D. int

8. 关于结构化程序设计所要求的基本结构，以下选项中描述错误的是（　　）。
   A. 重复（循环）结构　　　　B. 选择（分支）结构
   C. goto 跳转　　　　　　　　D. 顺序结构

9. 关于 Python 的分支结构，以下选项中描述错误的是（　　）。
   A. 分支结构使用 if 保留字
   B. Python 中的 if…else 语句用来形成双分支结构
   C. Python 中的 if…elif…else 语句描述多分支结构
   D. 分支结构可以向已经执行过的语句部分跳转

10. 关于程序的异常处理，以下选项中描述错误的是（　　）。
    A. 程序异常发生，经过妥善处理可以继续执行
    B. 异常语句可以与 else 和 finally 保留字配合使用
    C. 编程语言中的异常和错误是完全相同的概念
    D. Python 通过 try、except 等保留字提供异常处理功能
11. 下面代码的输出结果是（　　）。
    for i in range(3):　print(i,end=")
    A. 012　　　　B. 123　　　　C. 333　　　　D. 12
12. （　　）选项对死循环的描述是正确的。
    A. 使用 for 语句不会出现死循环
    B. 死循环就是没有意义的
    C. 死循环有时候对编程有一定作用
    D. 无限循环就是死循环
13. 下列有关 break 语句与 continue 语句不正确的是（　　）。
    A. 当多个循环语句彼此嵌套时，break 语句只适用于最里层的语句
    B. continue 语句类似于 break 语句，也必须在 for、while 循环中使用
    C. continue 语句结束循环，继续执行循环语句的后继语句
    D. break 语句结束循环，继续执行循环语句的后继语句
14. （　　）选项所对应的 except 语句数量可以与 try 语句搭配使用。
    A. 一个且只能是一个　　　　B. 多个
    C. 最多两个　　　　　　　　D. 0 个

二、操作题

1. 从键盘输入一个整数和一个字符，以逗号隔开，在屏幕上显示输出一条信息。

示例如下：
输入
10,*
输出
********** 10 **********

2. 编写程序，从键盘输入数值 M 和 N，求 M 和 N 的最大公约数。
3. 从键盘输入一个整数，转换为二进制数后输出显示在屏幕上，示例如下：
输入
12
输出
转换成二进制数是：1100

第三章 Python 语言进阶

第一节 容器类型数据

  Python 内置数据类型中有一类数据类型，它能像容器那样存储不同的元素。列表（list）、元组（tuple）、字符串（str）、字典（dict）、集合（set）都属于容器类型。容器类型可以理解为存放数据的结构类型。数据结构是通过某种方式（如对元素进行编号）组织在一起的数据元素的集合。在 Python 中，最基本的数据结构是序列（Sequence），序列中的每个元素都被分配一个序列号，即元素的位置，也称为索引。

  Python 中常用的序列结构有列表、元组、字典、集合和字符串等。从是否有序的角度，序列分为有序序列和无序序列。列表、元组、字符串属于有序序列，字典和集合则属于无序序列。从是否可变的角度，序列分为可变序列和不可变序列两大类。列表、字典和集合属于可变序列，元组和字符串属于不可变序列。序列分类如图 3-1 所示。列表、元组和字符串等有序序列均支持双向索引，第一个元素下标为 0，第二个元素下标为 1，以此类推；若以负数作为索引，则最后一个下标为 –1，倒数第二个下标为 –2，以此类推。可以使用负整数作为索引 Python 有序序列的一大特色。熟练掌握和运用序列可以大幅度提高开发效率。

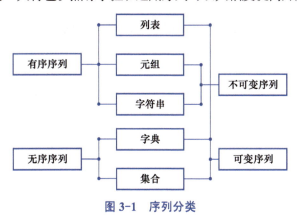

图 3-1 序列分类

一、列表

  Python 中的列表和 C 语言里面的数组比较相似，对于 Python 中列表的定义，可以直接用方括号里加所包含对象的方法，并且 Python 的列表是比较强大的，它包含了很多不同类型的数据元素：整型、浮点型、字符串以及对象等。只有一对方括号而没有包含任何对象的列表称为空列表。

1. 列表创建

在 Python 中，创建一个列表并赋值非常简单。列表元素用方括号 [ ] 括起来，元素之间用英文逗号分隔。例如：

```
list1 = [1, 2, 3, 4, 5 ]
list2 = ["a", "b", "c", "d"]
list3 = ['Chongqing', 'City', 1997, 2020]
list4 = [ ]                          # 创建空列表
```

另外，可以使用 list( ) 函数将其他序列转换为列表。例如：

```
list5 = list( )                      # 创建空列表
list6 = list ('hello world' )        # 将字符串转换为列表
list7 = list ( range ( 1 , 10 ) )    # 将 range 对象转换为列表
```

当一个列表不再使用时，可以使用 del 命令将其删除。例如：

```
del list7
del list6
```

2. 列表访问

如果要使用列表中的数据元素，则可以直接使用下标索引访问列表中的单个数据元素，也可以使用截取运算符的方式访问子列表。

访问列表中的单个数据元素使用 "list [index]" 格式，其中 list 是列表的变量名称，index 是要访问的列表下标索引，下标范围从 0 到列表长度减 1；列表还支持使用负整数作为下标，如下标用 –1 表示最后一个元素，下标为 –2 表示倒数第 2 个元素，下标为 –3 表示倒数第 3 个元素，以此类推。例如：

```
list2 = [ "a", "b", "c", "d"]
print ( list2 [ 0 ], list2 [ 1 ], list2 [ 2 ], list2 [ 3 ] )        # 结果为 a b c d
print ( list2 [ –1 ], list2 [ –2 ], list2 [ –3 ], list2 [ –4 ] )    # 结果为 d c b a
```

截取运算符使用 "list [start : end :step]" 格式，list 是列表的变量名称，start 是起始索引，end 是终止索引，step 是步长，即隔几个元素截取一次。步长是负数的话，从右往左开始取值。该运算符访问从 start（包括 start）到 end（不包括 end）范围内的列表元素（左闭右开区间），返回值仍是一个列表。例如：

```
list2 = [ "a", "b", "c", "d" ]
list2 [ 0 : 3 ]         # 结果为 ['a', 'b', 'c']，表示取值范围是第 0 ～ 3 个元素，但不包括第 3 个元素
list2 [ 0 : 1 ]         # 结果为 ['a']
```

```
list2 [ :3 ]           # 如果省略了起始索引下标,则默认是从起始元素开始的
list2 [ -1 ]           # -1 代表最后一个元素的索引下标
list2 [ 1: ]           # 如果省略了终止索引下标,则默认取值到最后一个元素结束
list2 [ : ]            # 如果省略了起始索引下标和终止索引下标,则代表取整个列表 list2
list2 [ -4 : -1 : 2 ]  # 第二个冒号后面的值代表步长,即隔几个元素截取一次,步长是负数的话,
从右往左开始取值,前面的例子中没有步长参数,则默认步长为 1
list2 [ : : -1 ]       # 将列表里的元素都取出来了,但是顺序是将之前的元素倒过来,因为步长是
负数
```

3. 列表操作符

列表有一些常用的操作符:比较操作符、连接操作符、重复操作符和成员关系操作符等。

(1)比较操作符。Python 中的列表比较操作符包括 >(大于)、>=(大于或等于)、<(小于)、<=(小于或等于)、==(相等)、!=(不相等)、is(同一个对象)、is not(不是同一个对象)。

> **注意**
>
> == 和 != 比较的是列表对象的值,而不是 id(内存地址),is 和 is not 比较的是同一个列表的对象,即对象的 id(内存地址)。

列表中的元素进行比较时,第一个元素起决定作用。也就是说,列表中如果有一个元素,那么就直接比较;如果有多个元素,那么只比较第 0 个元素的结果,并作为最终的结果,后面的元素不再进行比较。例如:

```
list1 = [123]
list2 = [234]
list2 > list1          # 结果为 True
list1 = [520,123]
list2 = [456,321]
list2 > list1          # 结果为 False
list2 != list1         # 结果为 True
list2 is list1         # 结果为 False
```

(2)连接操作符。操算符 "+" 可以实现列表增加元素的目的,或者理解为列表的连接。例如:

```
list1 = [123, '456']
list1+[789]            # 结果为 [123, '456', 789]
list2 = [456,101]
list3=list1+list2      # 列表 list3 的结果为 [123, '456',456,101]
```

如果在列表自身的基础上进行元素的增加并赋值,那么建议使用复合赋值运算符 "+=" 实现。因为 "+=" 实现列表追加元素时属于原地操作,效率较高,而 "+" 实现

运算后再赋值"="，不属于原地操作，结果是返回新列表。例如：

```
list4 = [123,456]
print(id(list4))              # 输出列表 list4 的内存地址
list4 = list4 + [111]
print(list4)                  # 列表 list4 的结果为 [123, 456, 111]
print(id(list4))              # 此时输出列表 list4 的内存地址与上面的内存地址不同
```

把上面的语句修改为以下内容：

```
list4 = [123,456]
print(id(list4))              # 输出列表 list4 的内存地址
list4 += [111]
print(list4)                  # 列表 list4 的结果为 [123, 456, 111]
print(id(list4))              # 此时输出的列表 list4 的内存地址与上面的内存地址相同
```

> **注意**
> 操作符"+"用于连接列表，不能连接不同的种类，如 list3+'789'，"+"左边为列表，右边为字符串，则会出现错误。

（3）重复操作符。Python 中有个特殊的符号"*"，可以用于数值运算的乘法，也可作为序列对象的重复运算符。需要注意的是，"*"重复出来的各序列对象具有同一个 id，也就是指向内存中的同一块地址。例如：

```
list1 = [123, '456']
list1*3         # 结果为 [123, '456', 123, '456', 123, '456']
```

同理，与连接运算符"+"类似，如果对列表自身进行重复后并赋值，那么建议使用复合赋值运算符"*="实现。因为"*="实现列表追加元素时属于原地操作，效率较高，而"*"实现运算后赋值"="，不属于原地操作，结果是返回新列表。例如：

```
list2 = [456,101]
print(id(list2))              # 输出列表 list2 的内存地址
list2 = list2*4
print(list2)                  # 列表 list2 的结果为 [456, 101, 456, 101, 456, 101, 456, 101]
print(id(list2))              # 此时输出列表 list2 的内存地址与上面的内存地址不同
```

把上面的语句修改为以下内容：

```
list2 = [456,101]
print(id(list2))              # 输出列表 list2 的内存地址
list2 *= 4
print(list2)                  # 列表 list2 的结果为 [456, 101, 456, 101, 456, 101, 456, 101]
print(id(list2))              # 此时输出列表 list2 的内存地址与上面的内存地址相同
```

（4）成员关系操作符。Python 的成员关系操作符，in 可以判断一个元素是否在某一个列表中，not in 可以判断一个元素是否不在某一个列表中。例如：

```
3 in [1,2,3]              # 结果为 True
1 not in [1,2,3]          # 结果为 False
4 in [1,2,3]              # 结果为 False
```

4．列表内置函数

Python 序列中的列表是常用的数据类型，所以很多时候都需要对列表进行操作。最简单的方法就是直接使用内置函数完成对列表的各种操作。

（1）列表常用的内置函数。Python 列表有一些常用的内置函数，可以帮助其进行快速有效的操作，见表3-1。

表 3-1　列表的内置函数

内置函数	功能	备注
list()	用于将元组、range() 等对象转换为列表	无参或一个参数
max()	求列表元素的最大值	列表中的元素类型如果不一致，则不能进行比较
min()	求列表元素的最小值	列表中的元素类型如果不一致，则不能进行比较
sum()	求列表中数值型元素之和	当列表中的所有元素类型均为数值型时才能进行求和
len()	计算列表元素个数	不要求列表中的元素类型一致
sorted()	对列表中的元素进行排序	列表中的元素类型一致，才可以进行大小排序
reversed()	对列表中元素进行反转	结果为一个对象，可通过 list() 函数转换为列表形式

1) list() 函数。

```
list0 = list()            # 生成一个空列表 list0
```

2) 统计函数。

```
list1 = list(range(5))        # 把 range() 对象结果转换为列表 [0, 1, 2, 3, 4]
import random                 # 导入模块 random
random.shuffle(list1)         # 使用 shuffle() 方法打乱列表 list1 中元素的顺序
max(list1)                    # 结果为列表 list1 中元素的最大值 4
min(list1)                    # 结果为列表 list1 中元素的最小值 0
sum(list1)                    # 结果为列表 list1 中元素的总和 10
len(list1)                    # 结果为列表 list1 中元素的个数 5
```

3) 排序函数。

```
list2 = [40, 36, 89, 2, 36]
sorted(list2)                 # 对列表 list2 进行由小到大的升序排序，结果生成一个新列表，对原列表 list2 没有任何影响
sorted(list2,reverse=True)    # 对列表 list2 进行由大到小的降序排序，其中，参数 reverse=True 表示降序，reverse=False 表示升序（默认，可以省略），生成一个新列表
list2 = [40, 36, 89, '2', 36]
```

```
        list(reversed(list2))        # 反转结果为 [36, '2', 89, 36, 40]，同时对原列表 list2 没有产生
任何影响
        list3 = ['cheng', 'zhao', 'liu','wang','an']
        sorted(list3)                 # 对字符型数据排序，根据第一个字符的 ASCII 码大小升序
排序（如果第一个字符相同，比较第二个字符，以此类推），结果生成一个新列表：['an', 'cheng', 'liu',
'wang', 'zhao']
        sorted(list3,key=len)         # 对字符型数据按照字符串长度大小升序排序，结果生成一个
新列表 ['an', 'liu', 'zhao', 'wang', 'cheng']，其中参数 key=len 表示根据长度升序排序，如果没有这个参数，
默认按照字符型数据的 ASCII 码大小升序排序
        sorted(list3,key=len,reverse=True)  # 对列表 list3 中的字符型数据按照长度降序排序，结果生成一
个新列表 ['cheng', 'zhao', 'wang', 'liu', 'an']
```

（2）列表常用的方法。Python 列表除了有自己的内置函数可以直接使用外，它也可以作为一个对象，也有自己的方法可以使用，见表 3-2。

表 3-2　列表的常用方法

方法	功能	备注
append()	在列表末尾增加一个元素	一个参数
extend()	在列表末尾增加一个序列，如列表	一个参数
insert()	在某个特定位置前面增加一个元素	两个参数
pop()	将指定位置的元素取出来，并删除	无参或一个参数
remove()	从列表中删除第一个与指定值相同的元素	一个参数
clear()	删除列表中的所有元素	无参
sort()	对列表中的元素进行排序，原地排序	列表中的元素类型一致，才可以进行大小排序
reverse()	对列表中的元素进行反转，原地反转	不要求列表中的元素类型一致
count()	统计某个元素在列表中出现的次数	不要求列表中的元素类型一致
index()	从列表中找出某个值第一个匹配的索引位置，如果不在列表中，那么会报一个异常	不要求列表中的元素类型一致
copy()	用于复制列表	结果为复制后的新列表

1）列表元素增加。

```
list1 = list(range(4))
list1.append(4)              # 列表 list1 增加元素后的结果为 [0, 1, 2, 3, 4]
list1.append("Python")       # 列表 list1 增加元素后的结果为 [0, 1, 2, 3, 4, 'Python']
list1.extend([1,2])
print(list1)                 # 列表 list1 增加元素后的结果为 [0, 1, 2, 3, 4, 'Python', 1, 2]
```

思考

- 如果把 list1.append(4) 修改为 list1.append([4])，结果是什么？
- 如果把 list1.append("Python") 修改为 list1.extend("Python")，结果是什么？
- 如果把 list1.extend([1,2]) 修改为 list1.extend(1)，结果是什么？

```
list1 = list(range ( 5 ))          # 列表 list1 的元素为 [0, 1, 2, 3, 4]
list1.insert(1,4)                  # 在列表 list1 的第 1 个位置插入一个元素 4
print(list1)                       # 列表 list1 的结果为 [0, 4, 1, 2, 3, 4]
```

2）列表元素删除。

```
list2 = [40, 36, 89, 2, 36]
list2.pop(2)                       # 取出列表 list2 第 2 个位置的值 89，并删除
list2.pop()                        # 无参数的时候默认取出最后一个位置的值 36，并删除
list2 = [40, 36, 89, 2, 36]
list2.remove( 36)                  # 删除列表 list2 第 1 个位置的值 36
list2 = [40, 36, 89, 2, 36]
list2.clear()                      # 删除列表 list2 中的所有元素，此时 list2 为空列表
```

除了可以使用 pop( )、remove( )、clear( ) 删除列表元素外，还可以使用关键字 del 删除列表中指定的元素或直接将整个列表删除。

```
list2 = [40, 36, 89, 2, 36]
del list2[3]                       # 删除列表 list2 第 3 个位置的值 2
list2 = [40, 36, 89, 2, 36]
del list2[-2]                      # 删除列表 list2 倒数第 2 个位置的值 2
list2 = [40, 36, 89, 2, 36]
del list2[0：3]                    # 删除列表 list2 第 0～2 个位置的值 40，36，89
list2 = [40, 36, 89, 2, 36]
del list2                          # 删除列表 list2，此时 list2 不存在
```

3）列表元素排序。

```
list2 = [40, 36, 89, 2，36]
list2.reverse()                    # 对列表 list2 中的元素原地发转，结果为 list2 列表中的元素 [36,
```
2, 89, 36, 40]。此处注意方法 reverse( ) 与内置函数 reversed( ) 的区别
```
list2 = [40, 36, 89, 2, 36]
list2.sort()                       # 对列表 list2 中的元素原地进行由小到大的升序排序，输出结果
```
也即 list2 列表中的元素 [2, 36, 36, 40, 89]。此处注意方法 sort( ) 与内置函数 sorted( ) 的区别
```
list2 = [40, 36, 89, 2, 36]
list2.sort(reverse=True)           # 对列表 list2 中的元素原地进行由大到小的降序排序，输出结
```
果也即 list2 列表中的元素 [89, 40, 36, 26, 2]。其中，参数 reverse=True 表示降序，reverse=False 表示升序（默认，可以省略）
```
list3 = ['cheng', 'zhao', 'liu','wang','an']
list3.sort()                       # 对字符型数据的列表原地根据第一个字符的 ASCII 码大小升
```
序排序（如果第一个字符相同，比较第二个字符，以此类推），输出结果也即 list3 列表中的元素 ['an', 'cheng', 'liu', 'wang', 'zhao']
```
list3.sort(key=len)                # 对字符型数据的列表原地按照字符串长度大小升序排序，输
```
出结果也即 list3 列表中的元素 ['an', 'liu', 'zhao', 'wang', 'cheng']，其中，参数 key=len 表示根据长度升序排序，如果没有这个参数，那么默认按照字符型数据的 ASCII 码大小升序排序

```
        list3.sort(key=len,reverse=True)    # 对字符型数据的列表 list3 原地按照长度降序排序，输出结果
也即 list3 列表中的元素 ['cheng', 'zhao', 'wang', 'liu', 'an']
```

4）列表元素统计。

```
list4 = [40, 36, 89, 2, 36, 3, 36]
list4.count(36)               # 统计列表 list4 中元素 36 的个数，为 3
list4.index(36)               # 从列表 list4 中找到第一个 36 的位置是 1
list4.index(36,2,6)           # 从列表 list4 的第 2～6（但不包括 6）个位置找第一个 36，结
果没找到，抛出异常。其中，参数 2 表示起始范围，可以省略，默认从第 0 个位置开始；参数 6 表示终
止范围，如果省略，则默认为列表的长度
list4.copy()                  # 复制后产生一个新列表 [40, 36, 89, 2, 36, 3, 36]
```

二、元组

元组和列表类似，都是 Python 中的线性序列。唯一不同的是，Python 元组的元素不能被修改，可以将元组看作只能读取不能修改元素的列表。

1. 元组创建

在 Python 中，创建一个元组与列表相似，不同的是元组元素用小括号（）括起来，元素之间也是用英文逗号分隔。例如：

```
tup1 = ( 1, 2, 3, 4, 5 )
tup2 = ( 50, )                # 元组中只包含一个元素时，需要在元素后面添加逗号
tup3 = ('Chongqing', 'City', 1997, 2020)
tup4 = ()                     # 创建空元组
```

另外，可以使用 tuple() 函数将其他序列转换为元组。例如：

```
tup5 = tuple ()               # 使用 tuple() 函数创建空元组
tup6 = tuple ( 'hello world' )   # 将字符串转换为元组
tup7 = tuple ( range ( 1 , 10 ) )   # 将 range() 对象转换为元组
```

当一个元组不再使用时，可以使用 del 命令将其删除。例如：

```
del tup7
del tup6
```

2. 元组内置函数

元组也是 Python 中一种常用的数据类型，与列表类似，不同之处在于元组的元素不能修改。因此，很多时候也是直接使用内置函数完成对元组的各种操作。

（1）元组常用的内置函数。Python 元组有一些常用的内置函数，可以帮助元组进行快速有效的操作，见表 3-3。

表 3-3 元组常用的内置函数

内置函数	功能	备注
max()	求元组元素的最大值	元组中的元素类型如果不一致，不能做比较
min()	求元组元素的最小值	元组中的元素类型如果不一致，不能做比较
sum()	求元组中数值型元素之和	当元组中的所有元素类型均为数值型的时候才能进行求和
len()	计算元组元素个数	不要求元组中的元素类型一致
sorted()	对元组中的元素进行排序	结果产生一个新列表
reversed()	对元组中元素进行反转	结果为一个对象，可通过 tuple() 函数转换为元组形式

1）统计函数。

```
tup1 = tuple(range(5))      # 把 range() 对象结果转换为元组 (0, 1, 2, 3, 4)
max(tup1)                   # 结果是元组 tup1 中元素的最大值 4
min(tup1)                   # 结果是元组 tup1 中元素的最小值 0
sum(tup1)                   # 结果是元组 tup1 中元素的总和 10
len(tup1)                   # 结果是元组 tup1 中元素的个数 5
```

2）排序函数。

　　tup2 = (40, 36, 89, 2, 36)
　　sorted (tup2)　　　　　　　　　　# 对元组 tup2 进行由小到大的升序排序，结果生成一个新列表，对原元组 tup2 没有任何影响
　　sorted (tup2,reverse=True)　　　　# 对元组 tup2 进行由大到小的降序排序，其中，参数 reverse=True 表示降序，reverse=False 表示升序（默认，可以省略），生成一个新列表
　　tup2 = (40, 36, 89, '2', 36)
　　tuple(reversed(tup2))　　　　　　# 反转结果为 (36, '2', 89, 36, 40)，同时对原元组 tup2 没有产生任何影响
　　tup3 = ('cheng', 'zhao', 'liu', 'wang', 'an')
　　sorted(tup3)　　　　　　　　　　# 对字符型数据排序，根据第一个字符的 ASCII 码大小升序排序（如果第一个字符相同，比较第二个字符，以此类推），结果生成一个新列表 ['an', 'cheng', 'liu', 'wang', 'zhao']
　　sorted(tup3,key=len)　　　　　　# 对字符型数据按照字符串长度大小升序排序，结果生成一个新列表 ['an', 'liu', 'zhao', 'wang', 'cheng']，其中，参数 key=len 表示根据长度升序排序，如果没有这个参数，则默认按照字符型数据的 ASCII 码大小升序排序
　　sorted(tup3,key=len,reverse=True)　# 对元组 tup3 中的字符型数据按照长度降序排序，结果生成一个新列表 ['cheng', 'zhao', 'wang', 'liu', 'an']

（2）元组常用的方法。Python 元组与列表一样，除了有自己的内置函数可以直接使用外，同时它作为一个对象，也有自己的方法可以使用，见表 3-4。由于元组的元素不能修改，因此不支持 append()、insert()、extend()、remove()、pop()、del()、clear()、sort()、reverse() 等方法。

表 3-4 元组常用的方法

方法	功能	备注
count()	统计某个元素在元组中出现的次数	不要求元组中的元素类型一致
index()	从元组中找出某个值第一个匹配的索引位置，如果不在元组中，则会报一个异常	不要求元组中的元素类型一致

由于元组元素的不可修改性，所以不能对元组中的元素做删除操作，但可以使用关键字 del 直接将整个元组删除。例如：

```
del tup3                  # 删掉整个元组，删掉后元组 tup3 不存在
tup4 = (40, 36, 89, 2, 36, 3, 36)
tup4.count(36)            # 统计元组 tup4 中元素 36 的个数，为 3
tup4.index(36)            # 从元组 tup4 中找到第 1 个 36 的位置是 1
tup4.index(36,2,6)        # 从元组 tup4 的第 2～6（但不包括 6）个位置找第一个 36，结果没找到，
```
则抛出异常。其中，参数 2 表示起始范围，可以省略，默认从第 0 个位置开始；参数 6 表示终止范围，如果省略，则默认为元组的长度

> **注意**
>
> 由于元组的特性，其元素本身及总长度是不可变的，而复制往往都是为了对这个对象进行切片、添加等修改操作，因此元组没有 copy() 这个方法。

3. 元组和列表的区别

元组和列表同属序列类型，并且都可以按照特定顺序存放一组数据，数据类型不受限制，只要是 Python 支持的数据类型就可以。元组和列表最大的区别就是，列表中的元素可以进行任意修改，就好比是用铅笔在纸上写的字，写错了还可以擦除重写；而元组中的元素无法修改，除非将元组整体替换掉，就好比是用圆珠笔写的字，写了就擦不掉了。

由于元组和列表的差异性，势必会影响两者的存储方式，例如：

```
lst=[ ]
lst.__sizeof__()          # 结果为 40，方法 __sizeof__() 表示系统分配空间的大小，注意 sizeof 前后是两个下画线
tup=()
lst.__sizeof__()          # 结果为 24
```

可以看到，对于列表和元组来说，虽然它们都是空的，但元组却比列表少占用 16 个字节。由于列表是动态的，它需要存储指针来指向对应的元素（占用 8 个字节）。另外，由于列表中的元素可变，所以需要额外存储已经分配的长度大小（占用 8 个字节）。但是对于元组，情况就不同了，元组长度大小固定，且存储元素不可变，所以存储空间也是固定的。另外，对于静态数据（如元组），当不被使用并且占用空间不大时，Python 不会回收所占用的内存，而是暂时做一些资源缓存。当下次再创建同样大小的元组时，

Python 就可以不用再向操作系统发出请求去寻找内存，而是可以直接分配之前缓存的内存空间，这样就能大大加快程序的运行速度。因此，可以得出这样的结论，元组的性能速度要优于列表。

当然，如果想要增加、删减或者改变元素，那么列表显然更优。因为对于元组来说，必须得通过新建一个元组来完成。

元组比列表的访问和处理速度更快，因此，当需要对指定元素进行访问且不涉及修改元素的操作时，建议使用元组。

三、字典

字典也是 Python 提供的一种常用的数据结构，它用于存放具有映射关系的数据。比如有组成绩数据"语文：75，数学：80，英语：93"，这组数据看上去像两个列表，但这两个列表的元素之间有一定的关联关系。如果单纯使用两个列表来保存这组数据，则无法记录两组数据之间的关联关系。

为了保存具有映射关系的数据，Python 提供了字典，字典相当于保存了两组数据：其中一组数据是关键数据，被称为键（key），如"语文、数学、英语"等；另一组数据可通过键（key）来访问，被称为值（value），如"75、80、93"等。

由于字典中 key 是非常关键的数据，而且程序需要通过 key 来访问 value，因此字典中的 key 不允许重复，必须是唯一的，但 value 则不必唯一。value 可以取任何数据类型，但 key 必须是不可变的，如字符串、数字或元组。

1. 字典创建

在 Python 中，创建一个字典与列表、元组比较相似，元素之间也是用英文逗号分隔，不同的是字典元素用花括号 { } 括起来。大括号中应包含多个 key-value 对，key 与 value 之间用英文冒号隔开；多个 key-value 对之间用英文逗号隔开。例如：

```
scores = {'语文':75,'数学':80,'英语':93}
empty_dict = { }            # 创建一个空字典
```

另外，使用 dict( ) 函数也可以创建一个空字典，如：

```
empty_dict =dict()          # 创建一个空字典
```

2. 字典的访问

一般情况下，可以通过字典中的键（key）访问值（value）。

```
scores = {'语文':75,'数学':80,'英语':93}
print(scores['语文'])        # 结果为 75
```

如果要为字典添加 key-value 对，那么只需为不存在的 key 赋值即可。

```
scores['计算机'] = 95
print(scores)               # 结果为 {'语文':75,'数学':80,'英语':93,'计算机':95}
```

如果要删除字典中的 key-value 对，则可使用 del 语句。

```
del scores['语文']
print(scores)          # 结果为 {'数学': 80, '英语': 93, '计算机': 95}
```

如果对字典中存在的 key-value 对赋值，则新赋的 value 就会覆盖原有的 value，这样即可改变字典中的 key-value 对。

```
scores['计算机'] = 59
print(scores)          # 结果为 {'数学': 80, '英语': 93, '计算机': 59}
```

如果要判断字典是否包含指定的 key，则可以使用 in 或 not in 运算符。因此，对于字典而言，in 或 not in 运算符都是基于 key 来判断的。

```
print('数学' in scores)       # 结果为 True
print('化学' in scores)       # 结果为 False
```

因此，字典的 key 是关键，相当于字典的索引，只不过这些索引不一定是整数类型，字典的 key 可以是任意不可变类型。字典相当于索引是任意不可变类型的列表，而列表则相当于 key 只能是整数的字典。如果程序中要使用的字典的 key 都是整数类型，则可考虑能否换成列表。另外，列表的索引总是从 0 开始、连续增大的；但字典的索引即使是整数类型，也不需要从 0 开始，而且不需要连续。所以列表不允许对不存在的索引赋值，但字典则允许直接对不存在的 key 赋值，可以为字典增加一个 key-value 对。

3. 字典内置函数和方法

（1）Python 字典内置函数。Python 字典内置函数见表 3-5。

表 3-5　Python 字典内置函数

内置函数	功能
len（字典名）	返回键的个数，即字典的长度
str（字典名）	将字典转换成字符串
type（字典名）	查看字典的类型

```
scores = {'语文': 75, '数学': 80, '英语': 93}
len(scores)            # 结果为 3，即字典 scores 的长度为 3
str(scores)            # 结果为 "{'语文': 75, '数学': 80, '英语': 93}"，即字典 scores 被转换成了字符串形式
type(scores)           # 结果为 <class 'dict'>，即 scores 的类型为字典
```

（2）Python 字典内置方法。Python 字典内置方法见表 3-6。

表 3-6　Python 字典内置方法

内置方法	功能
clear()	删除字典内所有的元素
copy()	复制一个字典
fromkeys(seq[,value])	创建一个新字典，seq 作为键，value 为字典所有键的初始值（默认为 None）
get(key,default = None)	返回指定键的值，如果键不存在，则返回 default 的值

（续）

内置方法	功能
items()	返回键值对的可迭代对象，使用 list 可转换为 [（键，值）] 形式
keys()	返回一个迭代器，可以使用 list() 来转换为列表
setdefault(key,default = None)	如果键存在于字典中，则不修改键的值；如果键不存在于字典中，则设置为 default 值
update(字典对象)	将字典对象更新到字典中
values()	返回一个可迭代对象，使用 list 转换为字典中值的列表
pop(key[,default])	删除字典中 key 的值，返回被删除的值。key 值如果不给出，则返回 default 的值
popitem()	随机返回一个键值对（通常为最后一个），并删除最后一个键值对

```
scores = { ' 语文 ' : 75，' 数学 ' : 80，' 英语 ' : 93 }
scores.clear( )
print(scores)                  # 结果为 { }，即字典 scores 所有的元素被删除了
scores = { ' 语文 ' : 75，' 数学 ' : 80，' 英语 ' : 93 }
scores_1=scores.copy( )
print(scores_1)                # 结果为 {' 数学 ': 80,' 英语 ': 93,' 语文 ': 75}
scores_2=scores.fromkeys(' 体育 ')
print(scores_2)                # 结果为 {' 体 ': None, ' 育 ': None}
scores_3=scores.fromkeys(' 体育 ',1)
print(scores_3 )               # 结果为 {' 体 ': 1,' 育 ': 1}
scores.get(' 语文 ')             # 结果为 75
scores.get(" 体育 ",90)          # 结果为 90
scores.items( )                # 结果为 dict_items([(' 语文 ', 75), (' 数学 ', 80), (' 英语 ', 93)])
list(scores.items( ))          # 结果为 [(' 语文 ', 75), (' 数学 ', 80), (' 英语 ', 93)]
```

使用 items() 方法可以遍历字典中的键值对，例如：

```
scores={' 语文 ':75,' 数学 ':80,' 英语 ':93}
for k,v in scores.items( ):
    print(k,': ',v)
```

结果为：

语文： 75
数学： 80
英语： 93

```
scores.keys( )                 # 结果为 dict_keys([' 语文 ',' 数学 ',' 英语 '])
list(scores.keys( ))           # 结果为 [' 语文 ',' 数学 ',' 英语 ']
```

使用 keys() 方法可以遍历字典中的键，例如：

```
scores={' 语文 ':75,' 数学 ':80,' 英语 ':93}
for k in scores1.keys( ):
    print(k,': ',scores[k])
```

结果为：

语文：75
数学：80
英语：93

```
scores.setdefault('语文',100)
print(scores)
```

结果为 {'数学': 80, '英语': 93, '语文': 75}，因为存在"语文"键，所以值不被修改。

```
scores.setdefault('音乐',100)
print(scores)
```

结果为 {'数学': 80, '英语': 93, '语文': 75, '音乐': 100}，因为这里不存在"音乐"键，所以增加了"'音乐':100"。

```
scores.setdefault('体育')
print(scores)
```

结果为 {'体育': None, '数学': 80, '英语': 93, '语文': 75}。

```
scores.update({'计算机':99})
print(scores)
```

结果为 {'体育': None, '数学': 80, '英语': 93, '计算机': 99, '语文': 75}。

```
scores.values()            #结果为 dict_values([75, 80, 93, None, 99])
list(scores.values())      #结果为 [75, 80, 93, None, 99]
```

使用 values() 方法可以遍历字典中的值，例如：

```
scores1={'语文':75,'数学':80,'英语':93}
for v in scores.values1():
    print(v)
```

结果为：

75
80
93

使用 pop() 方法可以删除字典中的 key 值，例如：

```
scores.pop('体育')          #结果为 None（空）
print(scores)              #结果为 {'数学': 80, '英语': 93, '计算机': 99, '语文': 75}
scores.pop('英语')          #结果为 93
scores.pop('计算机',80)     #结果为 99
```

四、集合

在 Python 中，集合用于包含一组无序的对象。与列表和元组不同，集合是无序的，也无法通过数字进行索引。此外，集合中的元素不能重复。集合和字典类似，只是集合没有 value，相当于字典 key 集合。

1. 集合定义

在 Python 中，集合元素也是用花括号 { } 括起来的，元素之间也用英文逗号分隔。但如果花括号里面为空，则是字典类型。例如：

```
set0={ }
type(set0)
```

结果为：

```
dict
```

如果要定义一个空集合，则可以使用集合的内置函数 set( )。例如：

```
set0=set( )
type(set0)
```

结果为：

```
set
```

对于非空集合的定义，可以使用以下方式：

```
set0={1,2,3,4,3,2,1}
print(set0)
print(type(set0))
```

结果为：

```
{1, 2, 3, 4}
<class 'set'>
```

```
set0=[1,2,3,4,3,2,1]
set0=set(set0)
print(set0)
print(type(set0))
```

结果为：

```
{1, 2, 3, 4}
<class 'set'>
```

2. 集合的基本操作

（1）集合元素添加。集合的添加有两种方法，分别是 add() 和 update()。
add() 方法，把要传入的元素作为一个整体添加到集合中，例如：

```
set0=set('one')
print(set0)
set0.add('two')
print(set0)
```

结果为：

```
{'n', 'o', 'e'}
{'n', 'two', 'o', 'e'}
```

update() 方法，是把要传入的元素拆分成单个字符，存于集合中，并去掉重复的字符，可以一次添加多个值，例如：

```
set0=set('one')
print(set0)
set0.update('two')
print(set0)
```

结果为：

```
{'e', 'n', 'o'}
{'n', 'o', 'w', 't', 'e'}
```

（2）集合元素删除。集合的删除操作使用的方法跟列表是一样的，使用的也是 remove()、discard()、pop()、clear() 方法。例如：

```
set0=set('one')
print(set0)
set0.remove('e')
print(set0)
```

结果为：

```
{'n', 'o', 'e'}
{'n', 'o'}
```

使用 discard() 方法，如果要删除的集合元素在集合中则删除，如果集合不存在要删除的元素，则什么也不做，而对于 remove() 方法却不然，例如：

```
set0=set('one')
print(set0)
set0.discard('d')
print(set0)
```

结果为：

```
{'n', 'o', 'e'}
{'n', 'o', 'e'}
```

```
set0=set('one')
print(set0)
set0.remove('d')
print(set0)
```

结果为：

```
{'n', 'o', 'e'}
```

KeyError   Traceback (most recent call last)
<ipython-input-68-34abab8c2359> in <module>**()**
      1 set0=set(**'one'**)
      2 print(set0)
----> 3 set0.remove(**'d'**)
      4 print(set0)

KeyError: 'd'

pop()方法删除并返回集合中的一个不确定的元素，如果为空则引发 KeyError 错误。

```
set0=set('one')
print(set0)
set0.pop()
print(set0)
```

结果为：

```
{'n', 'o', 'e'}
{'o', 'e'}
```

```
set0=set()
print(set0)
set0.pop()
print(set0)
```

结果为：

```
set()
```

KeyError   Traceback (most recent call last)
<ipython-input-79-b96ed575af0b> in <module>**()**
      1 set0=set()
      2 print(set0)
----> 3 set0.pop()
      4 print(set0)

KeyError: 'pop from an empty set'

clear()方法清空集合中的所有元素，例如：

```
set0=set('one')
print(set0)
```

```
set0.clear()
print(set0)
```

结果为:

```
{'n', 'o', 'e'}
set()
```

(3)集合元素遍历。由于集合是无序的,所以无法通过索引来访问集合中的元素。但是可以使用 for 循环遍历集合中的元素,或者使用 in 关键字查询集合中是否存在指定值。例如:

```
set1={"apple","banana","pear"}
for x in set1:
    print(x ,end=" ")
```

结果为:

```
banana apple pear
```

```
set1={"apple","banana","pear"}
print("cherry" in set1)
```

结果为:

```
False
```

3. 集合操作符

集合中的元素不能出现多次,这使得集合在很大程度上能够高效地从列表或元组中删除重复值,并执行取并集、交集等常见的操作。

(1)交集。Python 中求集合的交集使用的符号是"&",返回两个集合的共同元素的集合,即集合的交集。

假设某公司有 5 个人喜欢打篮球,5 个人喜欢打游戏,请问既喜欢打游戏又喜欢打篮球的人都有哪些?如果没有使用集合操作符,一般处理如下:

```
play_basketball1=['a','b','c','d','e']
play_game=['a','b','c','f','g']
both_play=[]
for name in play_basketball1:
    if name in play_game:
        both_play.append(name)
print(both_play)
```

结果为:

```
['a', 'b', 'c']
```

如果使用了集合的交集操作符"&",则简化了很多,例如:

```
play_basketball1={'a','b','c','d','e'}
play_game={'a','b','c','f','g'}
```

```
both_play=play_basketball1 & play_game
print(both_play)
```

结果为：

```
{'a', 'b', 'c'}
```

（2）并集（合集）。Python 中求集合的并集用的是符号"|"，返回两个集合中所有的去掉重复元素的集合，例如：

```
set1={'a','b','c','d','e'}
set2={'a','b','c','f','g'}
set1|set2
```

结果为：

```
{'a', 'b', 'c', 'd', 'e', 'f', 'g'}
```

（3）差集。Python 中差集使用的符号是"-"，返回的结果是在集合1中但不在集合2中的元素的集合，例如：

```
set1={'a','b','c','d','e'}
set2={'a','b','c','f','g'}
set1-set2
```

结果为：

```
{'d', 'e'}
```

集合的差集还可以使用 difference() 方法，用来查看两个集合的不同之处，例如：

```
set1={'a','b','c','d','e'}
set2={'a','b','c','f','g'}
set1.difference(set2)
```

结果为：

```
{'d', 'e'}
```

（4）对称差集。Python 中对称差集使用的符号是"^"，返回的结果是两个集合的非共同元素，例如：

```
set1={'a','b','c','d','e'}
set2={'a','b','c','f','g'}
set1^set2
```

结果为 {'d', 'e', 'f', 'g'}。

集合的对称差集还可以使用 symmetric_difference() 方法，用来查看两个集合的非共同元素，例如：

```
set1={'a','b','c','d','e'}
set2={'a','b','c','f','g'}
set1.symmetric_difference(set2)
```

结果为：

{'d', 'e', 'f', 'g'}

（5）集合的范围判断。集合可以使用大于（>）、小于（<）、大于或等于（>=）、小于或等于（<=）、等于（==）、不等于（!=）来判断某个集合是否完全包含于另一个集合。

```
set1={1,2,3,4,5}
set2={1,2,3,4}
set3={'2','3','4','5'}
print(set1>set2)
print(set1>set3)
print(set1>=set2)
```

结果为：

True
False
True

以上结果表明，左边集合是否完全包含右边集合，如集合 set1 是否完全包含集合 set2。

```
set1={1,2,3,4,5}
set2={1,2,3,4}
set3={'2','3','4','5'}
print(set2<set1)
print(set1<set3)
print(set2<=set3)
```

结果为：

True
False
False

以上结果表明左边的集合是否完全包含于右边的集合，如集合 set2 是否完全包含于集合 set1。

```
set1={1,2,3,4,5}
set2={1,2,3,4}
set3={'2','3','4','5'}
print(set2==set1)
print(set1==set3)
print(set2!=set3)
```

结果为：

False
False
True

"=="用于判断两个集合是否完全相同，"!="用于判断两个集合是否不同。

第二节 函　　数

函数是带名字的代码块，可以完成指定的功能。如果需要在程序中重复多次执行某个任务，则可以直接使用函数。这样可以避免程序代码的冗余，减少代码量，方便维护。

一、内置函数

Python 解释器自带的函数称为内置函数，这些函数可以直接使用，不需要导入某个模块。Python 解释器启动以后，内置函数也生效了，可以随时随地使用。

> **注意**
> 内置函数和标准库函数是不一样的。

Python 标准库函数相当于解释器的外部扩展，它并不会随着解释器的启动而启动。要想使用这些外部扩展，必须提前导入对应的模块，否则标准库函数是无效的。

内置函数是解释器的一部分，它随着解释器的启动而生效。内置函数的数量必须被严格控制，否则 Python 解释器会变得庞大和臃肿。一般情况下，只有那些使用频繁或者和语言本身绑定比较紧密的函数，才会被提升为内置函数。

因此，内置函数的执行效率一般会高于标准库函数。

目前，Python 3.7 提供了 69 个内置函数，见表 3-7。

表 3-7　内置函数

abs()	delattr()	hash()	memoryview()	set()
all()	dict()	help()	min()	setattr()
any()	dir()	hex()	next()	slice()
ascii()	divmod()	id()	object()	sorted()
bin()	enumerate()	input()	oct()	staticmethod()
bool()	eval()	int()	open()	str()
breakpoint()	exec()	isinstance()	ord()	sum()
bytearray()	filter()	issubclass()	pow()	super()
bytes()	float()	iter()	print()	tuple()
callable()	format()	len()	property()	type()
chr()	frozenset()	list()	range()	vars()
classmethod()	getattr()	locals()	repr()	zip()
compile()	globals()	map()	reversed()	__import__()
complex()	hasattr()	max()	round()	

1．常用数学函数

（1）max()函数返回给定参数的最大值，参数可以为序列。

```
print("max(10,20,30):" , max(10,20,30) )        # 使用内置max()函数求最大值
print("max(10,-2,3.4):" , max(10,-2,3.4) )
```

结果为：

```
max(10,20,30): 30
max(10,-2,3.4): 10
```

（2）min()函数返回给定参数的最小值，参数可以为序列。

```
print("min(10,20,30):" , min(10,20,30) )        # 使用内置min()函数求最小值
print("min(10,-2,3.4):" , min(10,-2,3.4) )
```

结果为：

```
min(10,20,30): 10
min(10,-2,3.4): -2
```

（3）abs()函数返回数字的绝对值。

```
print( abs(-45) )                               # 使用内置abs()函数返回该数的绝对值
print("abs(0.2):",abs(0.2))
```

结果为：

```
45
abs(0.2): 0.2
```

（4）pow()函数返回x的y次幂的值。

> **注意**
>
>   pow()通过内置的函数直接调用，内置函数会把参数作为整型，而math模块中的pow()则会把参数转换为float类型。

```
print( pow(2,2) )                               # 通过内置的pow()函数实现x^y
print( pow(2,-2) )
```

结果为：

```
4
0.25
```

（5）sorted()函数对所有可迭代的对象进行排序（默认升序）操作。

```
print(sorted([1,2,5,30,4,22]))                  # 对列表进行排序
```

结果为：

```
[1, 2, 4, 5, 22, 30]
```

（6）divmod( ) 函数把除数和余数运算结果结合起来，返回一个包含商和余数的元组（商 x，余数 y）。

```
print( divmod(5,2) )
print( divmod(5,1) )
print( divmod(5,3) )
```

结果为：

```
(2, 1)
(5, 0)
(1, 2)
```

（7）len( ) 函数返回对象（字符、列表、元组等）长度或元素个数。

```
print(len('1234'))              # 字符串，返回字符长度
print(len(['1234','asd',1]))    # 列表，返回元素个数
print(len((1,2,3,4,50)))        # 元组，返回元素个数
```

结果为：

```
4
3
5
```

若输入如下代码：

```
print(len(12))
```

结果为：

TypeError: object of type 'int' has no len( )

通过输出结果可以看到，出现了报错信息。因为整数类型不适用该函数，否则报错。

2. 类型转换函数

（1）bin( ) 函数用于将一个整数转换为二进制数，以 0b 开头。

```
print( bin(1) )
print( bin(55) )
```

结果为：

```
0b1
0b110111
```

（2）oct( ) 函数将一个整数转换成八进制字符串，以 0o 开头。

```
print( oct(10) )
print( oct(255) )
```

结果为：

0o12
0o377

（3）hex( ) 函数用于将一个整数转换为十六进制数，返回一个字符串，以 0x 开头。

print(hex(1))
print(hex(–256))

结果为：

0x1
–0x100

> **注意**
>
> 以上 3 个函数参数必为整型。

（4）int( ) 函数用于将浮点数和字符串转换成整数。

x = int("123")
y = int(123.4)
print(x,y)

结果为：

123 123

（5）float( ) 函数用于将整数和字符串转换成浮点数。

print(float(1))
print(float(0.1))
print(float('123'))

结果为：

1.0
0.1
123.0

（6）str( ) 函数用于将浮点数和整数转换成字符串。

x = str(123)
y = str(123.4)
print(x,y)

结果为：

123 123.4

（7）tuple( ) 函数将列表转换为元组。

> **注意**
>
> 元组与列表是非常类似的，区别在于元组的元素值不能修改，元组放在括号中，列表放在方括号中，后续章节会详细讲解。

```
print( tuple([1, 2, 3]) )
```

结果为：

(1,2,3)

（8）list( ) 方法用于将元组转换为列表。

```
print( list((1,2,3)))
```

结果为：

[1, 2, 3]

（9）chr( ) 函数以一个整数（Unicode 编码值）作为参数，返回一个该 Unicode 编码值所对应的字符。

```
print( chr(98) )          # 把数字 98 在 Unicode 编码中对应的字符打印出来
```

结果为：

b

（10）ord( ) 函数是 chr( ) 的配对函数，它以一个字符（长度为 1 的字符串）作为参数，返回对应的 Unicode 数值，如果所给的 Unicode 字符超出了定义范围，则会引发一个 TypeError 的异常。

```
print( ord('b') )         # 把字符 b 作为参数，将其在 Unicode 码中对应的字符打印出来
print( ord('%') )
```

结果为：

98
37

（11）bool( ) 函数用于将给定参数转换为布尔类型，如果参数不为空或不为 0，则返回 True；参数为 0 或没有参数，则返回 False。

```
print( bool(10) )
print( bool(50) )
print( bool(0) )
print( bool( ) )
```

结果为：

True
True
False
False

3. 类型判断函数

（1）type() 函数返回参数的数据类型。

```
print( type(1) )                # 返回参数"1"的数据类型
print( type("123") )
print( type([123,456]) )
print( type( (123,456) ) )
print( type({'a':1,'b':2}) )
```

结果为：

```
<class 'int'>
<class 'str'>
<class 'list'>
<class 'tuple'>
<class 'dict'>
```

（2）isinstance() 函数用来判断一个对象是否是一个已知的类型，返回布尔值。

```
a = 2
print( isinstance(a,int) )      # 判断 a 是否为 int 类型，是返回 True
print( isinstance(a,str) )      # 判断 a 是否为 str 类型，否返回 False
```

结果为：

```
True
False
```

4. 其他函数

（1）input() 函数接收一个标准输入数据，返回为 string 类型。这个函数是非常常用的，在 Python 3.x 中，对 raw_input() 和 input() 进行了整合，仅保留了 input() 函数。

```
a = '123456'
b = input("username:")
if b == a :                     # 如果 b 的输入数据等于 a 存储的数据，则打印"right"
    print("right")
else:                           # 否则打印"wrong"
    print("wrong")
```

输入：123456
结果为：

```
username:123456
right
```

（2）print() 用于打印输出，也是非常常见的一个函数。print() 在 Python 3.x 是一个函数，print 在 Python 2.x 版本是一个关键字。

```
print( abs(-45) )
print("Hello World!")
```

结果为：

```
45
Hello World!
```

（3）eval()函数用来执行一个字符串表达式，并返回表达式的值，有些场合用于实现类型转换的功能。

1）功能一：执行一个字符串表达式，并返回表达式的值。

```
print(eval('3 * 2'))              # 实现计算字符串中的表达的值，即 3*2=6
```

结果为：

```
6
```

2）功能二：实现类型转换的功能，也称为评估函数，根据数据本身的样式来判断其数据类型。

```
t = input("t=")
print(type(t))
t1 = eval(t)
print(type(t1))
```

输入：t=6

结果为：

```
<class 'str'>
<class 'int'>
```

分析以上结果可知，对于 input() 函数输入的值，系统默认为字符串类型，故第一次打印输出的为"str"类型，通过 eval() 评估之后，把 6 看作整型来处理，故第二次打印输出的值为"int"类型。

（4）id()函数用于获取对象的内存地址。

```
a = "123"
print(id(a))
```

结果为：

```
3181683178160
```

二、自定义函数

当 Python 提供的内置函数满足不了用户需求的时候，用户需要自己编写函数内容来实现某些特定功能，这种函数称为自定义函数。函数只需要定义一次，便可以实现无数次的重复使用。

自定义函数

1. 函数的定义

Python 使用 def 关键字定义函数,其基本语法如下:

```
def 函数名([参数列表]):
    函数体
```

其中:

(1) def 是定义函数必须使用的关键字,标志着定义函数的开始。

(2) 函数名是用户为函数取的名字,是函数的唯一标识,其命名规则与变量命名规则相同。

(3) 圆括号( )是必选项,表示这是一个函数,括号里面是函数的参数。如果函数没有参数,括号也不可以省略。

(4) 参数列表列出函数所使用的参数,这里称为形式参数,简称"形参"。参数个数可以是零个、一个或者多个,多个参数之间用逗号隔开。若函数形参个数为零,则称为无参函数,反之称为有参函数。

(5) 冒号是定义函数的必须格式,标记函数体的开始。

(6) 函数体是函数的核心,即函数完成的功能,由一行或多行 Python 语句构成,需根据功能逻辑进行缩进。

自定义一个"求两个数中最小数"的函数。

```
def my_min(a,b):
    t=a
    if b<t:
        t=b
    print(t)
```

自定义一个"求绝对值"的函数。

```
def my_abs(x):
    if x>=0:
        print(x)
    else:
        print(-x)
```

2. 函数的调用

在 Python 语言中,所有的函数定义(包括主函数、主程序)都是平行的。函数之间允许相互调用,也允许嵌套调用。调用函数的方式比较简单,其语法如下:

```
函数名(参数列表)
```

此时的参数,称为实际参数,简称"实参",实参的值将被传递给形参。实参的值可以是常量、变量、表达式、函数等。

(1)调用函数 my_min(),输出 3 和 4 中较小的数。

```
def my_min(a,b):
    t=a
    if b<t:
        t=b
    print(t)
my_min(3,4)
```

结果为:

3

(2)调用函数 my_abs(),求 -3 的绝对值。

```
def my_abs(x):
    if x>=0:
        print(x)
    else:
        print(-x)
my_abs(-3)
```

结果为:

3

3. 参数传递

参数的传递是指将函数实参传递给形参的过程,Python 中函数支持多种方式的参数传递,主要有位置参数传递、默认值参数传递和关键字参数传递。

(1)位置参数传递。当函数调用时,实参传递给形参时默认按照参数位置的顺序进行传递,即将第 1 个实参传递给第 1 个形参,将第 2 个实参传递给第 2 个形参,以此类推,完成全部参数的传递。

假设自定义一个函数 is_triangle(),实现判定一个三角形是否是直角三角形,该函数的定义如下:

```
def is_triangle(a,b,c):
    if a*a+b*b==c*c or a*a+c*c==b*b or b*b+c*c==a*a :
        print(" 该三角形是直角三角形 ")
    else:
        print(" 该三角形不是直角三角形 ")
```

可以看出,is_triangle() 函数有 3 个形参 a、b、c(分别表示三角形的三边),那么在调用 is_triangle() 函数时,需要给出三角形的 3 个边长的值,即 3 个实参。例如:

is_triangle(1,2,3)

参数传递过程如图 3-2 所示。

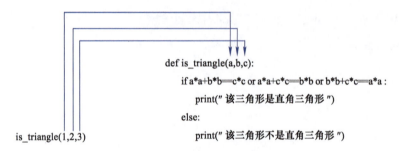

图 3-2　参数传递过程

函数调用时，第 1 个实参"1"被传递给形参 a，第 2 个实参"2"被传递给形参 b，第 3 个实参"3"被传递给形参 c，最终使得 a=1、b=2、c=3，执行函数体的内容。

特别注意，通过位置传递方式进行参数传递时，要求实参与形参的个数和类型必须保持一致，否则会出现异常。

（2）默认值参数传递。默认值参数就是在函数定义时为一些形参预先设定一个默认值，在调用带有默认值参数的函数时，可以不用为设置了默认值的形参进行传值，此时函数将会直接使用函数定义时设置的默认值。带有默认值参数的函数定义语法如下：

```
def 函数名 (…,形参名 = 默认值 ):
    函数体
```

自定义一个函数 show_date( )，多次调用该函数来显示 2022 年 3 月的日期。该函数定义如下：

```
def show_date(day, month="3", year="2022"):
    print(year + "." + month + "." + day)
for i in range(1,32):
    i = str(i)
    show_date(i)
```

函数 show_date( ) 的功能是输出 2022 年 3 月的日期，其中，"年"和"月"两个参数值是固定不变的，因此，可以在函数定义时就为其赋值。注意，是在函数定义的时候直接在形参列表中赋值，此处的 month 和 year 为默认值参数。

在 show_date(i) 调用中，将 i 的值传递给形参 day，而没有为 month、year 提供参数值，此时便使用默认的 month='3'，year='2022'。拥有默认参数的函数，在调用时可以不给默认参数传值，以此达到书写简单的目的。

自定义一个带有默认值参数的函数 fun( ) 并调用。

```
def fun(a,b=1,c=2):
    print(a,b,c)
fun(0)
fun(1,2)
fun(1,2,3)
```

结果为：

0 1 2
1 2 2
1 2 3

第一次函数调用 fun(0)，此时 a=0，没有为形参 b 和 c 提供值，使用默认的 b=1，c=2。

第二次函数调用 fun(1,2)，此时 a=1、b=2，没有为形参 c 提供值，使用默认的 c=2。

第三次函数调用 fun(1,2,3)，此时形参 a、b 和 c 均得到值，即 a=1、b=2、c=3。

因此可知，在调用带有默认值参数的函数时，是否为默认值参数传递实参是可选的。若没有为默认值参数传递值，则使用默认值；若为默认值参数传递了值，则替换其默认值。

> **注意**
>
> 任何一个默认值参数右边都不能再出现没有默认值的位置参数，否则会提示语法错误。若将 fun() 函数定义的第一行写成"def fun(a,b=1,c):"，则此时默认值参数 b 的右边出现了没有值的位置参数，运行时会提示语法错误。

（3）关键字参数传递。通过关键字参数可以按参数名字传递值，它允许实参顺序与形参顺序不一致，且不会影响参数值的传递结果，这使得函数的调用和参数的传递更加灵活。关键字参数是在函数调用的时候使用，其语法如下：

函数名 (形参变量名 1= 实参值 1, 形参变量名 2= 实参值 2,…)

修改自定义函数 fun() 的调用为关键字参数传递方式。

```
def fun(a,b=1,c=2):
    print(a,b,c)
fun(c=3,a=1,b=2)
```

结果为：

1 2 3

函数调用 fun(c=3,a=1,b=2)，实参 a、b、c 称为关键字参数，无须关心函数定义时形参的顺序，直接在传参时指定对应的名称即可，使得形参 a=1、b=2、c=3。

4. 函数返回值

在 Python 中，有的函数没有返回值，有的函数有返回值。有返回值的函数可以返回一个值，也可以返回多个值。函数的返回值可以通过 return 语句实现。

自定义函数 is_type()，从键盘输入一个字符，判断该字符是英文字符、数字字符还是其他字符。

```
def is_type(ch):
    if ch>= 'A' and ch<= 'Z' or ch>='a' and ch<= 'z':
        return ' 该字符是英文字符 '         # 判断是否是英文字符
    if ch>= '0' and ch<= '9':
        return ' 该字符是数字字符 '         # 判断是否是数字字符
    else:
        return ' 其他字符 '                 # 除了以上两种外，为其他字符
ch = input('ch=')
result = is_type(ch)
print(result)
```

输入：9

运行结果：

该字符是数字字符

以上程序定义了 is_type( ) 函数，函数体包含 3 个 return 语句，最终只会执行其中一个，即函数执行时遇到的第一个 return，并带着相应的值返回到函数调用处，使用变量 result 接收该返回值，最终输出到屏幕上。

自定义一个多个返回值的函数 func( )。

```
def func(i,j):
    k=i*j
    return(i,j,k)
x=func(4,5)
print(x)
a,b,c=func(7,8)
print(a,b,c)
```

结果为：

(4, 5, 20)
7 8 56

函数要返回多个值，可以使用 return（值 1，值 2，…，值 n）的方式进行。返回之后，可以调用函数，如果要使用对应的返回值，则需要获取对应的返回值。有两种方式获取返回值：第一种方式是集中获取，返回值赋给一个变量 x，该变量 x 以元组的方式集中获取对应的返回值；第二种方式是分散获取，将返回值一一对应赋给多个变量。

三、数学函数基本运用

在 Python 中有很多运算符可以进行一些数学运算，但如果要处理复杂的问题，则可以借助于 Python 中的 math 模块。math 模块提供了很多的数学运算功能，它是 Python 的一个标准库，不需要安装，就可以直接使用。

1. 数学函数

（1）abs(x)：取绝对值，内置函数。

abs(–10.8)

结果为：

10.8

（2）math.fabs(x)：取绝对值，在 math 模块中。

import math
math.fabs(–10.8)

结果为：

10.8

（3）pow(x,y)：乘方，内置函数，等价于 **。

pow(2,3)

结果为：

8

2**3

结果为：

8

（4）round(x)：四舍五入，内置函数。

round(2.45)

结果为：

2

round(2.45，1)　　　#结果保留一位小数

结果为：

2.5

（5）math.sqrt(x)：开平方根，在 math 模块中。

import math
math.sqrt(9)

结果为：

3.0

(6) math.ceil(x)：向上取整，在 math 模块中。

```
import math
math.ceil(2.34)
```

结果为：

3

```
import math
math.ceil(-2.34)
```

结果为：

-2

(7) math.floor(x)：向下取整，在 math 模块中。

```
import math
math.floor(2.34)
```

结果为：

2

```
import math
math.floor(-2.34)
```

结果为：

-3

(8) math.fmod(x,y)：整除求余数，在 math 模块中。

```
import math
math.fmod(5,2)
```

结果为：

1.0

(9) math.fsum(item)：求和，在 math 模块中。

```
import math
math.fsum([5,2,3,1,7])
```

结果为：

18

(10) math.factorial(n)：求阶乘，在 math 模块中。

```
import math
math.factorial(5)
```

结果为：

120

（11）math.gcd(x,y)：求最大的公约数，在 math 模块中。

```
import math
math.gcd(6,9)
```

结果为：

3

（12）math.exp(x)：取 e 的 x 次幂，在 math 模块中。

```
import math
math.exp(1)
```

结果为：

2.718281828459045

（13）math.pi：取常数 pi 的值，在 math 模块中。

```
import math
math.pi
```

结果为：

3.141592653589793

（14）math.e：取常数 e 的值，在 math 模块中。

```
import math
math.e
```

结果为：

2.718281828459045

（15）math.log10(x)：返回以 10 为底数的 x 的对数，在 math 模块中。

```
import math
math.log10(10)
```

结果为：

1.0

（16）math.log(x)：返回以 e 为底数的 x 的对数，在 math 模块中。

```
import math
math.log(math.e)
```

结果为：

1.0

2．三角函数

（1）math.sin(x)：正弦函数，在 math 模块中。

```
import math
math.sin(30)
```

结果为：

-0.9880316240928618

（2）math.cos(x)：余弦函数，在 math 模块中。

import math
math.cos(30)

结果为：

0.15425144988758405

（3）math.tan(x)：正切函数，在 math 模块中。

import math
math.tan(30)

结果为：

-6.405331196646276

第三节　函数式编程与高阶函数

函数式编程和面向对象编程一样，是现在很流行的一种编程范式。

函数式编程是一种抽象程度很高的编程范式，使用纯粹的函数式编程语言编写的函数没有变量。因此，任意一个函数，只要输入是确定的，输出就是确定的，这种纯函数是没有副作用的。而允许使用变量的程序设计语言，由于函数内部的变量状态不确定，同样的输入，可能得到不同的输出，因此，这种函数是有副作用的。由于 Python 允许变量的存在，所以 Python 不是纯函数式编程。

函数式编程和其他数据类型、数据结构一样，也可以赋予一个变量，作为参数传入其他函数，或者作为其他函数的返回值。

一、可迭代对象

迭代就是指更新换代的过程，要重复进行，而且每次的迭代都必须基于上一次的结果。使用 for 循环时就是把元素从容器里一个个取出来，这种过程其实就是迭代。可以迭代取值的数据类型有字符串、列表、元组、字典、集合等。

可以使用 isinstance( ) 判断一个对象是否是 Iterable 对象。

from collections import Iterable
isinstance(list(range(100)),Iterable)

结果为：

True

```
from collections import Iterable
isinstance("Nice to meet you.",Iterable)
```

结果为：

True

二、列表生成式

列表生成式

在 Python 中，[ ] 表示一个列表，快速生成一个列表可以用 range( ) 函数。对列表里面的数据进行运算和操作，生成新列表较高效、快速的办法就是列表生成式（或者列表推导式）了。

列表生成式是 Python 创建列表的一种快捷方式，可以很简洁地创建一个列表。例如：

```
list_1=[x**2 for x in range(1,11)]
list_1            # 得到 1 ~ 10 的平方组成的列表
```

结果为：

[1, 4, 9, 16, 25, 36, 49, 64, 81, 100]

最简单的列表生成式由方括号开始，方括号内部先是一个表达式，其后跟着一个 for 语句，列表生成式总是返回一个列表。

```
list_2=[x**2 for x in range(1,11) if x%2==0]
list_2            # 得到 1 ~ 10 中为偶数的平方组成的列表
```

结果为：

[4, 16, 36, 64, 100]

```
list_3=[[1,2,3],[4,5,6],[7,8,9],[10]]
list_4=[j**2 for i in list_3 for j in i if j%2==0]
list_4            # 得到多重嵌套中的数是 2 的倍数的平方组成的列表
```

结果为：

[4, 16, 36, 64, 100]

```
list_3=[[1,2,3],[4,5,6],[7,8,9],[10]]
list_5=[j**2 for i in list_3 if len(i)>1 for j in i if j%2==0]
list_5            # 得到多重嵌套的列表中一重嵌套中列表长度大于 1 的列表中的数为 2 的倍数的平方组成的列表
```

结果为：

[4, 16, 36, 64]

> **注意**
>
> 列表生成式的优点在于可以一行解决、方便、不易排错，但是不能超过 3 次循环。列表生成式不能解决所有列表的问题，无须刻意使用。

与列表生成式类似，可以使用字典生成式创建一个字典。例如：

```
clas = ["语文","数学","英语"]
score = [90,89,95]
dic={clas[i]:score[i] for i in range(len(clas))}
dic                  # 把列表 clas 和 score 形成一个新的字典 dic
```

结果为：

{'数学': 89, '英语': 95, '语文': 90}

如果想把刚刚创建的字典 dic 的 key 和 value 互换，那么可以使用字典生成式。

```
new_dic1={dic[key]:key for key in dic}
new_dic1
```

结果为：

{89: '数学', 90: '语文', 95: '英语'}

```
new_dic2={v:k for k,v in dic.items()}
new_dic2
```

结果为：

{89: '数学', 90: '语文', 95: '英语'}

与列表生成式、字典生成式类似，也可以使用集合生成式生成一个新的集合。

```
clas = ["语文","数学","英语"]
set0 = { i for i in clas }
set0
```

结果为：

{'语文','数学','英语'}

三、迭代器

迭代器是一个可以记住遍历位置的对象。迭代器从第一个元素开始访问，直到所有的元素被访问完结束，迭代器只能往前，不会后退。迭代器有两个基本的方法：iter( ) 和 next( )。

字符串、列表或元组对象都可用于创建迭代器：

```
list=[1,2,3,4]
it = iter(list)           # 创建迭代器对象
print (next(it))          # 输出迭代器的下一个元素
print (next(it))
```

结果为：

1
2

迭代器对象可以使用常规 for 语句进行遍历，也可以使用 next( ) 函数。

```
list=[1,2,3,4]
it = iter(list)              # 创建迭代器对象
for x in it:
    print (x, end=" ")
```

结果为：

1 2 3 4

```
import sys                   # 导入 sys 模块
list=[1,2,3,4]
it = iter(list)              # 创建迭代器对象
while True:
    try:
        print (next(it))
    except StopIteration:
        sys.exit()
```

结果为：

1
2
3
4

四、生成器

使用列表生成式可以直接创建一个列表。但是，受到内存限制，列表容量肯定是有限的。而且，创建一个包含 100 万个元素的列表，需要占用很大的存储空间，如果仅仅需要访问前面几个元素，那么后面绝大多数元素占用的空间都白白浪费了。所以，如果列表元素可以按照某种算法推算出来，那么是否可以在循环的过程中不断推算出后续的元素呢？这样就不必创建完整的列表，从而节省大量的空间。在 Python 中，这种一边循环一边计算的机制，称为生成器（Generator）。

生成器是一个特殊的程序，可以被用作控制循环的迭代行为。在 Python 中，生成器是迭代器的一种，使用 yield 返回值函数，每次调用 yield 会暂停生成器，而可以使用 next( ) 函数和 send( ) 函数恢复生成器。

生成器类似于返回值为数组的一个函数，这个函数可以接收参数，可以被调用，但是，不同于一般的函数会一次性返回包括所有数值的数组，生成器一次只能产生一个值，这样消耗的内存容量将大大减少，而且允许调用函数很快地处理前几个返回值，因此生成器看起来像是一个函数，但是表现得却像是迭代器。

要创建一个生成器，有很多种方法。其中一种方法很简单，只把一个列表生成式的中括号 [ ] 改为小括号（），就创建一个生成器。例如：

```
lis = [x*x for x in range(10)]            # 列表生成式
print(lis)
generator_ex = (x*x for x in range(10))   # 生成器
print(generator_ex)
```

结果为：

```
[0, 1, 4, 9, 16, 25, 36, 49, 64, 81]
<generator object <genexpr> at 0x00000278A4624830>
```

那么创建 list 和 generator_ex 的区别是什么呢？从表面看是 [ ] 和（）的区别，但是结果却不一样，一个打印出来是列表（因为是列表生成式），另一个打印出来却是 <generator object <genexpr> at 0x00000278A4624830>，那么如何打印出来 generator_ex 的每一个元素呢？

如果要一个个地打印出来，则可以通过 next( ) 函数获得 generator_ex 的下一个返回值。

```
generator_ex = (x*x for x in range(10))   # 生成器
print(next(generator_ex),end=" ")
print(next(generator_ex),end=" ")
print(next(generator_ex),end=" ")
print(next(generator_ex),end=" ")
print(next(generator_ex),end=" ")
print(next(generator_ex),end=" ")
print(next(generator_ex),end=" ")
print(next(generator_ex),end=" ")
print(next(generator_ex),end=" ")
print(next(generator_ex),end=" ")
```

结果为：

```
0 1 4 9 16 25 36 49 64 81
```

生成器保存的是算法，每次调用 next（generaotr_ex）就计算出下一个元素的值，直到计算出最后一个元素。没有更多的元素时，抛出 StopIteration 的错误。而且上面这样不断地调用是一个不好的习惯，正确的方法是使用 for 循环，因为生成器也是可迭代对象。例如：

```
generator_ex = (x*x for x in range(10))   # 生成器
for i in generator_ex:
    print(i,end=" ")
```

结果为:

0 1 4 9 16 25 36 49 64 81

创建一个生成器后,基本上不会调用 next( ),而是通过 for 循环来迭代,并且不需要关心 StopIteration 的错误。生成器非常强大,如果推算的算法比较复杂,用类似列表生成式的 for 循环无法实现的时候,还可以用函数来实现。

比如著名的斐波那契数列,除第一个和第二个数外,其他的任何一个数都可以由前两个相加得到:1,1,2,3,5,8,12,21,34 等。

斐波那契数列用列表生成式写不出来,但是用函数把它打印出来却很容易。

```
def fib(max):                          # 定义 fibonacci 数列函数
    n,a,b =0,0,1
    while n < max:
        a,b =b,a+b
        n = n+1
        print(a,end=" ")
    return 'done'
a = fib(10)
```

结果为:

1 1 2 3 5 8 13 21 34 55

可以看出,fib( )函数实际上定义了斐波那契数列的推算规则,可以从第一个元素开始,推算出后续任意的元素,这种逻辑其实非常类似生成器。

在 fib( ) 函数定义中,print(a,end=" ") 语句在每次函数运行时都要打印,占内存,所以为了不占内存,也可以使用生成器,这里为 yield。例如:

```
def fib(max):
    n,a,b =0,0,1
    while n < max:
        yield b
        a,b =b,a+b
        n = n+1
    return 'done'
a = fib(10)
print(fib(10))
```

结果为:

<generator object fib at 0x00000278A46E84C0>

返回的不再是一个值,而是一个生成器,这样就不占内存了。函数是顺序执行的,遇到 return 语句或者最后一行的函数语句就返回。而为生成器的函数时,在每次调用 next( ) 的时候执行,遇到 yield 语句返回,再次被 next( ) 调用时从上次的返回 yield 语句

处执行，也就是用多少，取多少，不占内存。例如：

```
def fib(max):
    n,a,b =0,0,1
    while n < max:
        yield b
        a,b =b,a+b
        n = n+1
    return 'done'
a = fib(10)
print(fib(10))
print(a.__next__(),end=" ")
print(a.__next__(),end=" ")
print(a.__next__(),end=" ")
print(a.__next__(),end=" ")
print(a.__next__(),end=" ")
print(a.__next__(),end=" ")
print(a.__next__(),end=" ")
print(a.__next__(),end=" ")
print(a.__next__(),end=" ")
print(a.__next__(),end=" ")
```

结果为：

```
<generator object fib at 0x00000278A46E85C8>
1 1 2 3 5 8 13 21 34 55
```

可以看出，在循环过程中不断调用 yield，就会不断返回。要给循环设置一个条件来退出循环，不然就会产生一个无限数列出来。同样的，把函数改成生成器后，基本上不会用 next( ) 来获取下一个返回值，而是直接使用 for 循环来迭代。例如：

```
def fib(max):
    n,a,b =0,0,1
    while n < max:
        yield b
        a,b =b,a+b
        n = n+1
    return 'done'
for i in fib(10):
    print(i,end=" ")
```

结果为：

```
1 1 2 3 5 8 13 21 34 55
```

用 for 循环调用生成器时，发现得不到生成器的 return 语句的返回值。如果得不到返回值，那么就会报错，所以为了不报错，就要进行异常处理，得到返回值，如果想要得到返回值,就必须捕获 StopIteration 错误,返回值包含在 StopIteration 的 value 中。例如:

```python
def fib(max):
    n,a,b =0,0,1
    while n < max:
        yield b
        a,b =b,a+b
        n = n+1
    return 'done'
g = fib(10)
while True:
    try:
        x = next(g)
        print('generator:', x)
    except StopIteration as e:
        print(" 生成器返回值: ",e.value)
        break
```

结果为:

```
generator: 1
generator: 1
generator: 2
generator: 3
generator: 5
generator: 8
generator: 13
generator: 21
generator: 34
generator: 55
生成器返回值: done
```

五、匿名函数

匿名函数,即没有函数名字的临时使用的函数,它与普通函数一样可以在程序的任何位置使用。编程过程中,时常会遇到临时需要一个类似于函数的功能但又不想去完成复杂函数定义的场合,这时可以使用匿名函数来代替。

Python 中使用 lambda 关键字定义匿名函数,又称为 lambda 表达式。在定义时被严格限定为单一表达式,不允许包含其他复杂的语句,在表达式中可以调用其他函数。该表达式的计算结果相当于函数的返回值,其语法格式如下:

```
lambda <形式参数列表 >:< 表达式 >
```

与普通函数相比,匿名函数的体积较小,功能单一,它仅仅是一个为简单任务服务的对象。定义好的匿名函数不能直接使用,最好使用一个变量保存它,以方便随时使用。

定义一个求 3 个数字之和的匿名函数，计算并输出 1+2+3 的和。

```
f = lambda x,y,z: x+y+z          # 定义匿名函数
temp = f(1,2,3)                  # 调用匿名函数
print("1+2+3=",temp)
```

结果为：

1+2+3= 6

匿名函数有三个参数（x、y、z），用变量 f 保存匿名函数的返回值。f(1,2,3) 使得三个实参依次传递给 x、y、z，最终计算出结果。

六、高阶函数

一个函数可以作为参数传给另外一个函数，或者一个函数的返回值为另外一个函数（若返回值为该函数本身，则为递归），满足其一则为高阶函数。

1. 参数为函数的高阶函数

```
def a( ):
    print("I love ",end=" ")
def b(func):                     # 参数为函数
    func( )
    print("China!")
b(a)                             # 函数 b 为高阶函数
```

结果为：

I love China!

2. 返回值为函数的高阶函数

```
def a( ):
    print("China!")
def b(func):
    print("I love",end=" ")
    return a                     # 返回值为函数
res=b(a)                         # 函数 b 为高阶函数
res( )
```

结果为：

I love China!

3. 三个高阶函数

map()、filter()、reduce() 这三个函数均为高阶函数，同时也是 Python 内置的函数。

（1）map() 函数。map() 接收一个函数 f() 和一个序列 seq，并通过把函数 f() 依次作用在序列 seq 的每个元素上，得到一个新的序列 seq，其返回值为一个迭代器对象。

例如，对于 list1= [1, 2, 3, 4, 5, 6, 7, 8, 9]，如果希望把 list1 的每个元素都进行平方，就可以用 map( ) 函数。

```
def f(x):
    return x*x
list1= [1, 2, 3, 4, 5, 6, 7, 8, 9]
print(map(f, list1))
print(list(map(f, list1)))
print(list1)
```

结果为：

```
<map object at 0x000002B76FEE3630>
[1, 4, 9, 16, 25, 36, 49, 64, 81]
[1, 2, 3, 4, 5, 6, 7, 8, 9]
```

由于 list 包含的元素可以是任何类型的，因此，map( ) 不仅可以处理只包含数值的 list，而且还可以处理包含其他类型的 list，只要传入的函数 f( ) 可以处理这种数据类型即可。

假设用户输入的英文名字不规范，没有按照首字母大写、后续字母小写的规则，此时可以利用 map( ) 函数把包含若干不规范英文名字的 list 变成包含规范英文名字的 list。例如：

```
def format_name(s):
    s1=s[0:1].upper( )+s[1:].lower( );
    return s1;
print(list(map(format_name, ['adam', 'LISA', 'barT'])))
```

结果为：

```
['Adam', 'Lisa', 'Bart']
```

map( ) 函数可以接收多个序列 seq，此时，map( ) 的处理是并行的。例如：

```
list2=map(lambda x,y:x**y,[1,2,3],[1,2,3])
for i in list2:
    print(i,end=" ")
```

结果为：

```
1 4 27
```

```
list3=map(lambda x,y:(x**y,x+y),[1,2,3],[1,2,3])
for i in list3:
    print(i,end=" ")
```

结果为：

```
(1, 2) (4, 4) (27, 6)
```

```
list4=map(lambda x,y:(x**y,x+y),[1,2,3],[1,2])
for i in list4:
    print(i,end=" ")
```

结果为：

(1, 2) (4, 4)

（2）filter( ) 函数。filter( ) 函数也是接收一个函数和一个序列的高阶函数，其主要功能是过滤，过滤掉不符合条件的元素，其返回值也是迭代器对象。

例如，过滤出列表 list1= [1, 2, 3, 4, 5, 6, 7, 8, 9] 中的奇数。

```
list1= [1, 2, 3, 4, 5, 6, 7, 8, 9]
list2 = filter(lambda x: x%2 == 1, list1)
print(list2)
for item in list2:
    print(item ,end=" ")
```

结果为：

<filter object at 0x000002B76FF72668>
1 3 5 7 9

```
list1= [1, 2, 3, 4, 5, 6, 7, 8, 9]
print([item for item in filter(lambda x: x % 2 == 1, list1)])
```

结果为：

[1, 3, 5, 7, 9]

```
list1= [1, 2, 3, 4, 5, 6, 7, 8, 9]
print([item for item in list1 if item % 2 == 1])        # 使用列表生成式
```

结果为：

[1, 3, 5, 7, 9]

（3）reduce( ) 函数。reduce( ) 函数是一个参数为函数、另一个参数为序列的高阶函数，其功能是对序列中的元素进行累积，返回值为一个值而不是迭代器对象。

reduce( ) 函数在 Python 2 中是内置函数，从 Python 3 开始移到了 functools 模块。如果在 Python 3 使用 reduce( )，需要先导入 from functools import reduce。例如：

```
from functools import reduce
lst=[1,2,3,4]
print(reduce(lambda x,y: x+y, lst))
```

结果为：

10

```
from functools import reduce
lst=[1,2,3,4]
print(reduce(lambda x,y: x*y, lst))
```

结果为:

24

```
from functools import reduce
lst=[1,2,3,4]
print(reduce(lambda x,y: x*y+1, lst))
```

结果为:

41

计算过程:序列没有初始值,参数 x 和 y 取列表前两项的值 1 和 2,通过 lambda 函数计算 1*2+1=3,计算出的结果 3 与列表第三个元素 3 通过 lambda 函数计算 3*3+1=10,计算出的结果 10 再与列表第四个元素 4 通过 lambda 函数计算 10*4+1=41。

序列如果有初始值,则取初始值为第一个元素,序列的第一个元素为第二个元素,开始进行 lambda 函数的应用计算。例如:

```
from functools import reduce
lst=[1,2,3,4]
print(reduce(lambda x,y: x+y, lst,5))        # 初始值为 5
```

结果为:

15

第四节　特　殊　函　数

除了前面介绍的函数之外,在 Python 中还有两种特殊的函数:递归函数和随机函数。

一、递归函数

函数的递归调用是函数调用的一种特殊方式,即函数调用自己,自己再调用自己,自己再调用自己……,当某个条件得到满足时就不再调用了,然后一层一层地返回,直到该函数的第一次调用,示意图如图 3-3 所示。

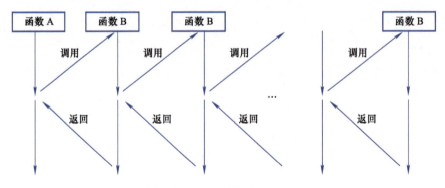

图 3-3 函数递归调用示意图

递归函数通常用于解决结构相似的问题，基本实现思路是将一个复杂的问题转换成若干个子问题，子问题的形式和结构与原问题相似，求出子问题的解之后根据递归关系可以获得原问题的解。

例如：自定义函数 fact()，实现求 n!=1×2×3×4×⋯×(n-1)×n 的值。

```
def fact(n):
    if n==1:
        return 1
    else:
        return fact(n-1)*n      # fact() 函数递归调用自己
result=fact(5)
print("5!=",result)
```

fact(n) 是一个递归函数，当 n 大于 1 时，fact() 函数以 n-1 作为参数重复调用自身，直到 n 为 1 时调用结束，开始得出每层函数调用的结果，最后返回计算结果。调用函数 fact(5) 来求 5 的阶乘，则递归函数的整个执行流程图如图 3-4 所示。

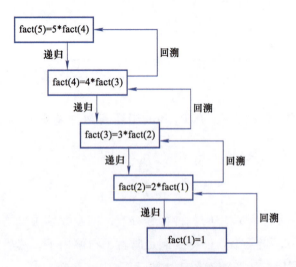

图 3-4 求 5！程序执行流程图

二、随机函数

Python 中的 random 模块用于生成随机数,它提供了很多函数。

1. random.random()

random() 函数作用:返回 0～1 之间的随机浮点数 N,范围为 0≤N<1.0。

使用 random 模块下的 random() 函数随机产生两个 0～1 之间的数据。

```
import random                              # 导入 random 模块
print("random():", random.random())        # 生成第一个 0～1 的随机数
print("random():", random.random())        # 生成第二个 0～1 的随机数
```

结果为:

```
random(): 0.08735808570425463
random(): 0.7156648848525313
```

2. random.uniform(a,b)

uniform(a,b) 函数作用:返回 a～b 之间的随机浮点数 N,范围为 [a,b]。若 a<b,则生成的随机浮点数 N 的取值范围为 a≤N≤b;若 a>b,则生成的随机浮点数 N 的取值范围为 b≤N≤a。

使用 random 模块下的 uniform() 函数随机产生两个 10～100 之间的浮点数。

```
import random
print("random:", random.uniform(10, 100))   # 生成一个 10～100 的随机数
print("random:", random.uniform(100, 10))   # 第一个参数大于第二个参数
```

结果为:

```
random: 80.30983746542503
random: 72.88398828081164
```

3. random.randint(a,b)

randint(a,b) 函数作用:返回一个随机的整数 N,N 的取值范围为 a≤N≤b。注意:a 和 b 的取值必须为整数,并且 a 的值一定要小于 b 的值。

使用 random 模块下的 randint() 函数随机产生两个 10～20 之间的整数。

```
import random
print(random.randint(10, 20))
print(random.randint(20, 20))              # 两个参数相等,生成的随机数值永远为 20
```

结果为:

```
18
20
```

注意

randint(a,b)、uniform(a,b) 两者是有区别的，前者随机产生一个浮点数，后者随机产生一个整数。

4. random.randrange([start], stop[, step])

randrange ([start], stop[, step]) 函数作用：返回指定递增区间中的一个随机数，按一定步长进行递增。其中，start 参数用于指定范围内的开始值，其包含在范围内；end 参数用于指定范围内的结束值，其不包含在范围内；step 表示递增步长，其默认值为 1。上述这些参数必须为整数。

使用 random 模块下的 randrange( ) 函数随机产生一个 1～100 之间的奇数。

```
import random
print(random.randrange(1, 100, 2))
```

结果为：

```
41
```

randrange（1，98，2）有三个参数，第一个参数表示范围的开始，包括参数 "1" 在内；第二个参数表示范围的结束，不包含 "98" 在内，只能取到 97 止；第三个参数表示步长，即这个随机数取值范围为 [1，3，5，7，…，99]。

5. random.choice(sequence)

choice（sequence）函数作用：从 sequence 中返回一个随机数，其中，sequence 参数可以是列表、元组或字符串。注意：若 sequence 为空，则会引发 IndexError 异常。

使用 random 模块下的 choice( ) 函数分别从列表、元组或字符串中随机选择一个数据。

```
import random
print( random.choice("学习 python") )
print( random.choice(["JGood", [0], "is", "a", [0], "handsome", "boy"]) )
print( random.choice(("Tuple", [0], "List", "Dict")) )
```

结果为：

```
学
a
Tuple
```

6. random.shuffle（列表）

shuffle（列表）：将列表中的元素打乱顺序，俗称 "洗牌"。

使用 random 模块下的 shuffle() 函数可随机打乱给定列表中元素的顺序。

```
import random
demo_list = ["python", "is", "powerful", "simpel", "and so on"]
random.shuffle(demo_list)          # 随机打乱列表的顺序
print(demo_list)
```

结果为：

['powerful', 'and so on', 'is', 'python', 'simpel']

7. random.sample(squence, K)

sample（squence, K）：从指定序列（列表、元祖、字符串）中随机抽取 K 个元素作为一个新的列表返回，且 sample() 函数不会修改原有序列。

使用 random 模块下的 sample() 函数，随机选取列表中的三个元素。

```
import random                        # 导入 random 模块
list_num =[1, 2, 3, 4, 5, 6, 7, 8, 9, 10]
slice = random.sample(list_num, 3)   # 随机在列表中获取三个元素
print(slice)
print(list_num)
```

结果为：

[4, 7, 5]
[1, 2, 3, 4, 5, 6, 7, 8, 9, 10]

Python 的容器类型包括列表、元组、字典、集合等，使用这些容器可以帮助人们统一存储、管理一系列数据。列表是一种有序的集合，可以随时添加和删除元素，它的作用主要是统一管理多个变量，存储和管理多个数据；元组一旦初始化就不能修改，它可以用于函数返回多个值；集合中不会出现重复的数据，它的基本功能包括成员检验和消除重复元素；字典的作用在于事务之间的映射关系，如星期与数字的对应关系。如果在程序中重复多次执行某个任务，则可以直接使用 Python 函数，从而避免程序代码的冗余，减少代码量，方便维护。

实 训

实训要求：把一个十进制整数转换成任意进制的数。

```
def decimal_to_other(h, num):
    digit = len(str(num))              # 获取数字位数
    num_h = []                         # 相除，余数计入列表 num_h
    quotient = 1
```

```
        while quotient:
            quotient = num // h                          # 取余和取商
            remainder = num % h
            # print(quotient, remainder)
            num_h.append(remainder)                      # 余数计入列表
            num = quotient                               # 商做下一次循环
        num_h = num_h[::-1]                              # 列表反序，通过切片和sort()函数可以实现
        # num_h.sort(reverse=True)
        for i in range(len(num_h)):                      # 如果超过十进制，用ASCII码转换为字母
            if num_h[i] > 9:
                num_h[i] = chr(int(num_h[i])+87)
        result = (' '.join('%s' %m for m in num_h))      # 列表转换为字符串
        return result
    if Type:
        h = int(input("需要把十进制转换为多少进制？请输入正整数 \n"))
        num = int(input("需要转换的数字是："))
        print("换算结果是：", decimal_to_other(h, num))
    else:
        h = int(input("需要把多少进制转换为十进制？请输入正整数 \n 年 "))
        num = int(input("需要转换的数字是："))
        print("换算结果是：", other_to_decimal(h, num))
```

运行结果：

需要把十进制转换为多少进制？请输入正整数
16
需要转换的数字是：18
换算结果是：12

练 习

一、填空题

1. 表达式 [1，2，3]*3 的执行结果为_____。

2. 表达式 [3] in [1，2，3，4] 的值为_____。

3. 列表对象的 sort() 方法用来对列表元素进行原地排序，该函数返回值为_____。

4. 假设列表对象 aList 的值为 [3，4，5，6，7，9，11，13，15，17]，那么切片 aList[3:7] 得到的值是_____。

5. 使用列表生成式生成包含 10 个数字 5 的列表，语句可以写为_____。

6. 切片操作 list(range(6))[::2] 的执行结果为_____。

7. 使用切片操作在列表对象 x 的开始处增加一个元素 3 的代码为_____。

8. 语句 sorted（[1，2，3], reverse=True）==reversed（[1，2，3]）的执行结果为_____。

9. 字典对象的_____方法返回字典的"键"列表。

10. 字典对象的_____方法返回字典的"值"列表。

二、选择题

1. 以下关于 Python 函数使用的描述，错误的是（　　）。
   A. 函数定义是使用函数的第一步
   B. 函数被调用后才能执行
   C. 函数执行结束后，程序执行流程会自动返回到函数被调用的语句之后
   D. Python 程序里一定要有一个主函数

2. 关于 Python 函数，以下选项中描述错误的是（　　）。
   A. 函数是一段可重用的语句组
   B. 函数通过函数名进行调用
   C. 每次使用函数都需要提供相同的参数作为输入
   D. 函数是一段具有特定功能的语句组

3. 以下关于函数参数和返回值的描述，正确的是（　　）。
   A. 采用名称传参的时候，实参的顺序需要和形参的顺序一致
   B. 可选参数传递指的是没有传入对应参数值的时候，就不使用该参数
   C. 函数能同时返回多个参数值，需要形成一个列表来返回
   D. Python 支持按照位置传参，也支持名称传参，但不支持地址传参

4. 以下程序的输出结果是（　　）。

```
def calu(x = 3, y = 2, z = 10):
return(x ** y * z)
h = 2
w = 3
print(calu(h,w))
```

　　A. 90　　　　B. 70　　　　C. 60　　　　D. 80

5. 以下程序的输出结果是（　　）。

```
img1 = [12,34,56,78]
img2 = [1,2,3,4,5]
def displ():
    print(img1)
def modi():
```

```
        img1 = img2
modi()
displ()
```
    A. [1，2，3，4，5]   B. （[12，34，56，78]）
    C. （[1，2，3，4，5]）   D. [12，34，56，78]

6. 执行以下代码，运行错误的是（   ）。
```
def fun(x,y="Name",z = "No"):
    pass
```
    A. fun（1，2，3）   B. fun（1，，3）
    C. fun（1）   D. fun（1，2）

三、程序题

1. 编写程序，生成一个包含20个随机整数的列表，然后对其中偶数下标的元素进行降序排列，奇数下标的元素不变。（提示：使用切片）

2. 编写一个函数，打印200以内的所有素数，以空格分隔。

第四章
高性能科学计算类库 NumPy

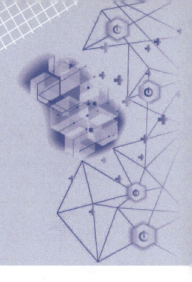

NumPy（Numerical Python 的简称）是高性能科学计算和数据分析的基础包。它是 Python 语言的一个扩展程序库，支持多维度数组与矩阵运算，针对数组运算提供大量的数学函数库，是数据分析模块 Pandas 的构建基础。

要使用 NumPy 模块，首先需要将其引入，一般会给它一个别名，这里别名为 np。

import numpy as np

使用 __version__ 特殊方法查看当前 NumPy 版本。

np.__version__

当前版本是：

'1.16.5'

第一节 NumPy 数组对象

一、数组对象 ndarray 与数据类型

NumPy 的数组对象 ndarray 是一个 N 维的、快速而灵活的大数据集容器。ndarray 的特点是每一个元素必须是相同的数据类型，数据类型可以是整型、浮点型、字符型、布尔类型、Python 对象类型等。例如下面数组对象 data，其数据类型都是整型。

```
array([[1, 2, 3, 4],
       [5, 6, 7, 8]])
In[]:   type(data)            # 查看 data 对象的类型
Out[]: numpy.ndarray
In[]:   data.dtype            # 查看数组对象 data 的数据类型
Out[]: dtype('int32')
```

数组的数据类型和类型代码见表 4-1。

表 4-1 数组的数据类型和类型代码

类型	类型代码	说明
int8、unit8	i1、u1	有符号和无符号的 8 位（一个字节）整型
int16、unit16	i2、u2	有符号和无符号的 16 位（两个字节）整型
int32、unit32	i4、u4	有符号和无符号的 32 位（四个字节）整型
int64、unit64	i8、u8	有符号和无符号的 32 位（八个字节）整型
float16	f2	半精度浮点数
float32	f4 或 f	标准的单精度浮点数
float64	f8 或 d	标准的双精度浮点数
float128	f16 或 g	扩展精度浮点数
complex64、complex128、complex256	c8、c16、c32	分别用两个 32 位、64 位或 128 位浮点数表示的复数
bool	?	存储 True 和 False 值的布尔类型
object	O	Python 对象类型
string_	S	固定长度的字符串类型
str_	U	固定长度的 unicode 类型
datetime64	M	日期时间类型

二、数组创建函数

（1）数组创建函数较多，比较常用的数组创建函数 np.array( ) 可将输入数据（如列表、元组、数组或其他序列类型的数据）转换成数组对象 ndarray。

```
In[]: arr1 = np.array([[1,2,3],[4,5,6]])        # 输入列表
      arr1
Out[]: array([[1, 2, 3],
       [4, 5, 6]])
In[]: np.array(range(5))                        # 输入序列
Out[]: array([0, 1, 2, 3, 4])
```

（2）用 NumPy 的 arange( ) 函数创建等间隔值的数组。

```
print(np.arange(6))             # 返回 0 ～ 5 的整数
print(np.arange(6.0))           # 返回 0.0 ～ 5.0 的浮点数
print(np.arange(1,6))           # 返回 1 ～ 5
print(np.arange(1.0,6.0,2))     # 返回 1.0 ～ 5.0 之间的数据，步长为 2
```

结果为：

[0 1 2 3 4 5]
[0. 1. 2. 3. 4. 5.]
[1 2 3 4 5]
[1. 3. 5.]

（3）用函数 np.linspace( ) 创建数组，返回始点与终点上 num 个均匀间隔的样本。其格式为 np.linspace（start,stop,num=50,endpoint=True,retstep=False,dtype=None）。

```
In[]:   np.linspace(1,10,num = 21)
Out[]: [ 1.  1.45  1.9  2.35  2.8  3.25  3.7  4.15  4.6  5.05  5.5  5.95  6.4  6.85  7.3  7.75
8.2  8.65  9.1  9.55  10.  ]
```

（4）用函数 np.zeros() 创建元素为 0 的数组，用函数 np.ones() 创建为元素为 1 的数组。

```
In[]:  np.zeros(5)
Out[]: array([0., 0., 0., 0., 0.])
In[]:  np.ones(5)
Out[]: array([1., 1., 1., 1., 1.])
```

用函数 np.zeros_like（arr）创建形状为 arr 且元素为 0 的数组；用 np.ones_like（arr）创建形状为 arr 且为元素为 1 的数组。

```
In[]:  np.zeros_like(arr1)
Out[]: array([[0, 0, 0],
              [0, 0, 0]])
In[]:  np.ones_like(arr1)
Out[]: array([[1, 1, 1],
              [1, 1, 1]])
```

（5）用函数 np.eye() 创建单位方阵。

```
In[]:   np.eye(4)
Out[]: array([[1., 0., 0., 0.],
              [0., 1., 0., 0.],
              [0., 0., 1., 0.],
              [0., 0., 0., 1.]])
```

（6）用函数 np.diag() 创建对角线方阵。

```
In[]:   np.diag([1,2,3,4])
Out[]: array([[1, 0, 0, 0],
              [0, 2, 0, 0],
              [0, 0, 3, 0],
              [0, 0, 0, 4]])
```

除了上述数组创建函数外，其他数组创建函数见表 4-2。

表 4-2　其他数组创建函数

函数	说明
asarray	将输入转换为 ndarray
empty、empty_like	创建新数组，分配内存空间并产生随机值
full、full_like	类似 one 和 ones_like，产生的是指定常数填充数组而已

三、随机数生成函数

NumPy 模块的 random 模块可以生成包含多种概率分布的随机样本。

（1）生成均匀分布的随机数。

```
In[]: np.random.rand(5)              # 生成一维的在 [0,1) 均匀分布的 5 个随机数
Out[]: array([0.35461491, 0.70494477, 0.64192417, 0.55223417, 0.65803981])
In[]: np.random.rand(2,3)            # 生成 2 行 3 列的在 [0,1) 均匀分布的随机数
Out[]: array([[0.88598189, 0.02322562, 0.64461288],
       [0.64010288, 0.47373177, 0.15671197]])
```

（2）生成服从标准正态分布的随机数。

```
In[]: np.random.randn(2,3)           # 生成 2 行 3 列的标准正态分布的随机数
Out[]: array([[-1.12250259,  1.32628811, -0.87823753],
       [-0.23179638,  0.46430326, -0.39252925]])
```

（3）生成在最小值和最大值范围内的随机整数。

```
In[]: np.random.randint(2,10,size=(2,3))  # 生成在 [2,10) 范围内的随机整数
Out[]: array([[7, 6, 5],
       [6, 5, 7]])
```

其他 random 模块随机数生成函数见表 4-3。

表 4-3 其他 random 模块随机数生成函数

函数	说明
seed()	确定随机数生成器的种子
permutation()	返回一个序列的随机排列或返回一个随机排列的范围
shuffle()	对一个序列进行随机排序
binomial()	产生二项分布的随机数
normal()	产生正态（高斯）分布的随机数
beta()	产生 beta 分布的随机数
chisquare()	产生卡方分布的随机数
gamma()	产生 gamma 分布的随机数
uniform()	产生在（0，1）中均匀分布的随机数

四、数组的索引与切片

数组 ndarray 的元素和子数据集可以通过索引或切片来访问和修改，一维数组的索引和切片同 Python 列表的功能相似。

数组的索引与切片

```
In[]: arr2 = np.arange(10)
      arr2
Out[]:array([0, 1, 2, 3, 4, 5, 6, 7, 8, 9])
```

对一维数组 arr2 进行索引和切片，索引值仍然从 0 开始计算。

```
print(arr2[3])        # 取索引 3 对应的数值
print(arr2[:3])       # 取从索引 0 开始到索引 3 之前对应的数值
print(arr2[::3])      # 取从索引 0 开始、步长为 3 对应的数值
```

结果为:

3
[0 1 2]
[0 3 6 9]

多维数组的索引和切片是沿着轴（维度）进行选取的，如二维数组：

In[]: arr3 = np.arange(9).reshape(3,3)
arr3
Out[]:array([[0, 1, 2],
    [3, 4, 5],
    [6, 7, 8]])

二维数组有两个轴，沿着轴 axis=0 方向，第一、二、三行索引值分别为 0、1、2，沿着轴 axis=1 方向，第一、二、三列索引值分别为 0、1、2，每个元素对应的索引值如图 4-1 所示。

		axis=1		
		0	1	2
	0	(0, 0)	(0, 1)	(0, 2)
axis=0	1	(1, 0)	(1, 1)	(1, 2)
	2	(2, 0)	(2, 1)	(2, 2)

图 4-1　二维数组的索引值

沿着 axis=0 轴，取第二行所有的数值。

In[]: arr3[1]
Out[]: [3 4 5]

沿着 axis=0 轴，取第二行及之后的所有数值。

In[]: arr3[1:]
Out[]: [[3 4 5]
　[6 7 8]]

沿着 axis=1 轴，取第二列所有的数值。

In[]: arr3[:,1]
Out[]: [1 4 7]

取第二行与第二列的数据。

In[]: arr3[1,1]
Out[]: 4

五、数组运算与广播机制

数组对象 ndarray 的很大一个特点是可以利用它对整块数据执行数据运算,例如对数组里面的每个元素同时做乘法和加法运算,而无须采用循环方法。如果两个数组的维数相同,且各维度的长度相同,则算术运算通常在相应的元素上进行。例如:

```
In[]: data = np.array([[1, 2, 3, 4],
                [5, 6, 7, 8]])
      data+data              # 加法运算
Out[]: array([[ 2,  4,  6,  8],
       [10, 12, 14, 16]])
In[]:  data*data             # 乘法运算
Out[]: array([[ 1,  4,  9, 16],
       [25, 36, 49, 64]])
```

但是当运算中的两个数组的形状不同时,可以通过扩展数组的方法来实现相加、相减、相乘等操作,这种机制称为广播。

```
arr = np.arange(4)        # 此时 arr 为一维
print(arr)
print(data + arr)         # 沿着 axis=0 轴传播
```

结果为:

```
[0 1 2 3]
array([[ 1, 3, 5, 7],
     [ 5, 7, 9, 11]])
```

如果 arr 为二维一列,则 data+arr 将沿着 axis=1 轴传播。

```
In[]: arr = np.arange(2).reshape(2,1)
print(arr)
print(data + arr)         # 沿着 axis=1 轴传播
```

结果为:

```
[[0]
 [1]]
array([[1, 2, 3, 4],
     [6, 7, 8, 9]])
```

数组与标量的运算,也会把标量传播到数组的各个元素中去。

```
In[]:  data+1
Out[]: array([[2, 3, 4, 5],
        [6, 7, 8, 9]])
```

当切片被赋值一个标量时，该值也会广播到整个选区。

```
In[]: data[:,1:] = 0
data
Out[]: array([[1, 0, 0, 0],
       [5, 0, 0, 0]])
```

六、数组常用方法与属性

NumPy 数组都有下列属性：shape 说明数组的形状，size 说明数组元素的多少，ndim 说明数组的维度，dtype 说明数组的数据类型，itemsize 表示数组中的元素在内存中所占的字节数。

```
print(arr1)
print(arr1.shape)      # 形状
print(arr1.size)       # 元素的多少
print(arr1.ndim)       # 维度
print(arr1.dtype)      # 数据类型
```

结果为：

```
[[1 2 3]
 [4 5 6]]
(2, 3)
6
2
int32
```

如果将数组的数据类型改变，则可以看到不同数据类型的元素在内存所占的大小是不一样的。

```
arr2 = np.array(arr1,dtype='int64')
print(arr2.dtype)
print(arr1.itemsize)    # arr1 的元素在内存的大小
print(arr2.itemsize)    # arr2 的元素在内存的大小
```

结果为：

```
dtype('int64')
4
8
```

对数组形状的修改，可以用前面曾经用过的方法 reshape( )。例如，把 arr1 的 2 行 3 列的情况改成 3 行 2 列。

```
In[]: arr4 = arr1.reshape(3,2)
arr4
```

```
Out[]: array([[1, 2],
       [3, 4],
       [5, 6]])
```

用方法 ravel( ) 可将数组展开。

```
In[]: arr4.ravel()
Out[]:array([1, 2, 3, 4, 5, 6])
```

还可以用方法 flatten( ) 将数组展开。

```
print(arr4.flatten())          # 横向展开
print(arr4.flatten('F'))       # 纵向展开
```

结果为：

```
[1 2 3 4 5 6]
[1 3 5 2 4 6]
```

第二节　NumPy 高级索引与通用函数

一、数组高级索引的应用

1. 布尔索引

利用布尔型数组进行数组子集或元素的选取，这样的数组索引称为布尔索引。布尔型数组是以 False、True 为元素的数组。

```
In[]:  arr = np.random.randn(3,3)
       arr
Out[]:array([[-0.06848592, 0.96486556, -0.30782979],
       [-0.40122128, -1.5690678 , -1.02439332],
       [ 0.22055982, -0.8028568 ,  0.56335362]])
In[]:   arr > 0         # 对于数组的每个元素做 ">0" 的判断，得到布尔型数组
Out[]: array([[False,  True, False],
       [False, False, False],
       [ True, False,  True]])
```

利用布尔型数组对数组进行选取，得到索引值 True 所对应的值。

```
In[]:  arr[arr>0]       # 选取数组里 >0 的值
Out[]:  array([0.96486556, 0.22055982, 0.56335362])
```

只要布尔型数组长度与被索引轴的长度一致，都可以用布尔索引。

```
In[]:  arr2 = np.array(["red","black","red"])
       arr2 == "red"
Out[]: array([ True, False, True])
```

对 arr 利用布尔型数组 arr2 来取值，可以得到 True 值所对应的第一行和第三行。

```
In[]:  arr[arr == "red"])
Out[]: array([[-0.06848592, 0.96486556, -0.30782979],
              [ 0.22055982, -0.8028568 , 0.56335362]])
```

布尔索引还可以和整数、切片一起混合使用。

```
In[]:  arr[arr2=="red",1:]
Out[]: array([[ 0.96486556, -0.30782979],
              [-0.8028568 , 0.56335362]])
```

利用布尔索引可以对满足某些条件的数组元素赋值，例如，可将 array 里面所有为负值的数设定为 0。

```
In[]:  arr3 = arr.copy()
       arr3[arr<0] = 0
       arr3
Out[]: array([[0.        , 0.96486556, 0.        ],
              [0.        , 0.        , 0.        ],
              [0.22055982, 0.        , 0.56335362]])
```

2. 花式索引

花式索引即利用整数数组对数组进行索引。例如对下面数组的第二、四、六行进行选取，可以用整数数组 [1,3,5] 来索引。

```
In[]:  arr4 = np.arange(24).reshape(6,4)
       arr4
Out[]: array([[ 0,  1,  2,  3],
              [ 4,  5,  6,  7],
              [ 8,  9, 10, 11],
              [12, 13, 14, 15],
              [16, 17, 18, 19],
              [20, 21, 22, 23]])
In[]:  arr4[[1,3,5]]
Out[]: array([[ 4,  5,  6,  7],
              [12, 13, 14, 15],
              [20, 21, 22, 23]])
```

如果整数数组里面有负整数，则从末尾开始选取。

In[]: arr4[[-1,-2,0]]
Out[]: array([[20, 21, 22, 23],
       [16, 17, 18, 19],
       [0, 1, 2, 3]])

如果是多维整数数组，那么得到的是一维数组。例如如果要选取 arr4 的四个角上的元素，即 (0，0)，(0，3)，(5，0)，(5，3)，则可以用二维数组 [[0, 0, 5, 5], [0, 3, 0, 3]] 来索引。

In[]: arr4[[0,0,5,5],[0,3,0,3]]
Out[]: array([0, 3, 20, 23])

而如果想得到一个矩形区域，则可以利用函数 np.ix_()。

In[]: arr4[np.ix_([0,5],[0,3])]
Out[]: array([[0, 3],
       [20, 23]])

二、数组组合与拆分

数组与数组之间可以根据相关规则进行组合与拆分，形成新的数组。

1. 数组的组合

```
arr1 = np.arange(6).reshape(3,2)
arr2 = np.arange(6,12).reshape(3,2)
print(arr1)
print(arr2)
```

结果为：

```
[[0 1]
 [2 3]
 [4 5]]
[[ 6  7]
 [ 8  9]
 [10 11]]
```

数组 arr1 和 arr2 有相同的列数，利用 np.vstack( ) 函数可以将 arr1 与 arr2 按垂直方向组合成一个数组。

In[]: np.vstack((arr1,arr2))
Out[]: array([[0, 1],
       [2, 3],
       [4, 5],
       [6, 7],
       [8, 9],
       [10, 11]])

arr1 与 arr2 有相同的行数，可以利用 np.hstack( ) 函数将 arr1 与 arr2 按横向方向组合成一个数组。

```
In[]:  np.hstack((arr1,arr2))
Out[]: array([[ 0,  1,  6,  7],
              [ 2,  3,  8,  9],
              [ 4,  5, 10, 11]])
```

利用 np.concatenate( ) 函数的参数 axis 可以控制组合的方向，axis=0 指按行方向进行组合，axis=1 指按列方向进行组合。

```
In[]:   np.concatenate((arr1,arr2),axis=0)# 按行方向组合
Out[]: array([[ 0,  1],
              [ 2,  3],
              [ 4,  5],
              [ 6,  7],
              [ 8,  9],
              [10, 11]])
In[]: np.concatenate((arr1,arr2),axis=1) # 按列方向组合
Out[]: array([[ 0,  1,  6,  7],
              [ 2,  3,  8,  9],
              [ 4,  5, 10, 11]])
```

2. 数组的拆分

一个数组可以拆分成多个数组，利用 np.hsplit( ) 函数可以对数组在横向上选择拆分点进行拆分。

```
In[]:   np.hsplit(arr4,2)  # 在横向选择拆分点进行平均拆分
Out[]: [array([[ 0,  1],
               [ 4,  5],
               [ 8,  9],
               [12, 13],
               [16, 17],
               [20, 21]]), array([[ 2,  3],
                                  [ 6,  7],
                                  [10, 11],
                                  [14, 15],
                                  [18, 19],
                                  [22, 23]])]
```

利用 np.vsplit( ) 函数可以对数组在纵向上选择拆分点进行拆分。

```
In[]:  np.vsplit(arr4,2)     # 在纵向上选择拆分点进行拆分
Out[]: [array([[ 0,  1,  2,  3],
               [ 4,  5,  6,  7],
```

```
              [ 8,  9, 10, 11]]), array([[12, 13, 14, 15],
              [16, 17, 18, 19],
              [20, 21, 22, 23]])]
In[]: np.vsplit(arr4,[3,5])    # 在纵向上按照拆分点的索引位置 [3,5] 进行拆分
Out[]: [array([[ 0,  1,  2,  3],
              [ 4,  5,  6,  7],
              [ 8,  9, 10, 11]]), array([[12, 13, 14, 15],
              [16, 17, 18, 19]]), array([[20, 21, 22, 23]])]
```

利用 np.split() 的参数 axis 可以控制拆分点的方向，axis=0 是纵向，axis=1 是横向。

```
In[]: np.split(arr4,2,axis=0)  # 在纵向上选择拆分点
Out[]: [array([[ 0,  1,  2,  3],
              [ 4,  5,  6,  7],
              [ 8,  9, 10, 11]]), array([[12, 13, 14, 15],
              [16, 17, 18, 19],
              [20, 21, 22, 23]])]
In[]: np.split(arr4,2,axis=1)  # 在横向上选择拆分点
Out[]:[array([[ 0,  1],
              [ 4,  5],
              [ 8,  9],
              [12, 13],
              [16, 17],
              [20, 21]]), array([[ 2,  3],
              [ 6,  7],
              [10, 11],
              [14, 15],
              [18, 19],
              [22, 23]])]
```

三、一元数学函数

NumPy 包里面有通用函数（Universal Function），是一种能够对数组中的所有元素进行操作的函数。其中，只需要传一个数组对象的函数，称为一元函数。例如，计算数组各元素的平方函数、平方根函数、指数函数。

```
arr1 = np.arange(5)
print(arr1)
print(np.square(arr1))   # 计算各元素的平方
print(np.sqrt(arr1))     # 计算各元素的平方根
print(np.exp(arr1))      # 计算各元素的指数 e*
```

结果为：

```
[0 1 2 3 4]
[ 0  1  4  9 16]
[0.         1.         1.41421356 1.73205081 2.        ]
[ 1.          2.71828183   7.3890561  20.08553692 54.59815003]
```

再如，计算数组各元素的符号函数，计算最小整数函数、最大整数函数、四舍五入函数等。

```
arr2 = np.random.randn(5)
print(arr2)
print(np.sign(arr2))      #计算各元素的符号，1表示正号，-1表示负号，0为0
print(np.ceil(arr2))      #计算大于或等于各元素的最小整数
print(np.floor(arr2))     #计算小于或等于各元素的最大整数
print(np.rint(arr2))      #计算各元素的四舍五入整数
```

结果为：

```
[ 1.20972904 −0.76978506  0.99751647 −0.70478833  1.63773087]
[ 1. −1.  1. −1.  1.]
[ 2. −0.  1. −0.  2.]
[ 1. −1.  0. −1.  1.]
[ 1. −1.  1. −1.  2.]
```

函数计算的结果可以是一个数组，也有可能是两个独立的数组。

```
In[]: np.modf(arr2)      #得到各元素的小数部分和整数部分
Out[]:(array([ 0.20972904, −0.76978506,  0.99751647, −0.70478833,  0.63773087]),
       array([ 1., −0.,  0., −0.,  1.]))
```

其他一元函数见表 4-4。

表 4-4　其他一元函数

函数	说明
abs()、fabs()	计算整数、浮点数或复数的绝对值。对于非复数值，可以使用更快的 fabs()
log()、log10()、log2()、log1p()	分别为自然对数（底数为 e）函数、底数为 10 的 log 函数、底数为 2 的 log 函数、log（1+x）函数
isnan()	返回一个表示"哪些值是 NaN"的布尔型数组
isfinite()、isinf()	分别返回一个表示"哪些元素是有穷的（非 inf，非 NaN）""哪些元素是无穷的"的布尔型数组

四、二元数学函数

对于 NumPy 的通用函数（Universal Function），如果传两个数组对象，则称为二元函数。例如，两个数组之间的四则运算所使用的函数。

```
print(np.add(arr1,arr2))        #加法
print(np.subtract(arr1,arr2))   #减法
print(np.multiply(arr1,arr2))   #乘法
print(np.divide(arr1,arr2))     #除法
print(np.power(arr2,arr1))      #乘方
```

结果为:

[−0.76659843 1.37346404 1.40927401 1.99555756 2.60252977]
[0.76659843 0.62653596 2.59072599 4.00444244 5.39747023]
[−0.   0.37346404 −1.18145198 −3.01332731 −5.58988093]
[−0.   2.67763397 −3.38566449 −2.98673164 −2.862315]
[1.   0.37346404 0.34895719 −1.0133866   3.81390843]

比较运算返回的结果是一个布尔数组,数组的每个元素都为对应元素的比较结果。

print(np.greater(arr1,np.sqrt(arr1))) # 对 arr1 > sqrt(arr1) 进行判断
print(np.greater_equal(arr1,np.sqrt(arr1))) # 对 arr1 >= sqrt(arr1) 进行判断

结果为:

[False False True True True]
[True True True True True]

逻辑运算返回的结果也是一个布尔型数组。

np.logical_and(arr1>0,arr2>0) # 对每个元素都进行逻辑 and 运算,返回布尔值

结果为:

array([False, False, True, False, True])

第三节　NumPy 统计分析

一、文件读写操作

NumPy 文件读写主要有二进制格式读写和文本格式读写两种形式。

(1)二进制格式读写。save( ) 函数将数组以二进制格式保存在扩展名为 .npy 的文件中;而 savez( ) 函数可将多个数组写入文件,以二进制格式保存在扩展名为 .npz 的文件中;load( ) 函数则是从二进制的文件中读取数据。

下例中将数组 arr1 存入当前路径,文件名为 arr1,文件的扩展名为 .npy。如果没有扩展名 .npy,则该扩展名会被自动加上。但是下次要读文件时,文件的扩展名要写上。

```
In[]: arr1 = np.arange(6)
      np.save('arr1',arr1)
In[]: np.load('arr1.npy')
Out[]: array([0, 1, 2, 3, 4, 5])
```

当存储多个数组时,文件的扩展名为 .npz。数组也可用关键字参数传入,得到一个类似字典的对象。

```
In[]: arr2 = np.arange(6,12)
      np.savez('arr',a=arr1,b=arr2)
In[]: arr = np.load('arr.npz')
      arr
Out[]: <numpy.lib.npyio.NpzFile at 0x12864732608>
In[]: arr['a'] # 利用关键字读取数组
Out[]: array([0, 1, 2, 3, 4, 5])
In[]: arr['b']
Out[]: array([ 6,  7,  8,  9, 10, 11])
```

（2）以文本格式读写。savetxt( ) 函数可将数组写到某种分隔符隔开的文本文件中，loadtxt( ) 函数执行的是把文件加载到一个数组中。

```
In[]:   arr = np.stack([arr1,arr2])
        np.savetxt("arr.txt",arr) # 把数组 arr 以文本格式存入当下路径
        np.loadtxt("arr.txt")   # 读取文本格式的数组
Out[]: array([[ 0.,  1.,  2.,  3.,  4.,  5.],
              [ 6.,  7.,  8.,  9., 10., 11.]])
```

二、排序与条件筛选

函数 np.sort( ) 可以对数组进行排序，返回的是数组的已排序副本。sort( ) 函数也可以指定一个 axis 参数，使得 sort( ) 函数可以沿着指定轴对数据集进行排序。axis=1 为沿横轴，即列方向排序；axis=0 为沿纵轴，即行方向排序。

```
arr3 = np.array([[1,3],
                 [4,2]])
print(np.sort(arr3,axis=0)) # 沿纵轴排序，等同于 np.sort(arr3)
print(np.sort(arr3,axis=1)) # 沿横轴排序
```

结果为：

```
[[1 2]
 [4 3]]
[[1 3]
 [2 4]]
```

数组经过排序后，可以计算百分位数，如下例。

```
a = np.random.randint(0,11,10)
print(a)
print(np.sort(a)[int(0.8*len(a))]) # 数据集 a 的百分之八十分位数
```

结果为：

```
[10 7 7 2 1 5 9 4 2 9]
9
```

数组可以进行间接排序，即通过函数 argsort( ) 返回重新排序后值的索引。

In[]:   np.argsort(a)   # 返回的是数组值从小到大的索引值
Out[]: array([4, 3, 8, 7, 5, 1, 2, 6, 9, 0], dtype=int64)
In[]:   a[np.argsort(a)] # 按从小到大的索引值重构数组
Out[]: array([1, 2, 2, 4, 5, 7, 7, 9, 9, 10])

函数 lexsort( ) 可对多个序列按优先级排序。

In[]:b = np.array([1,1,1,0,0,0,2,2,2,2])
    index = np.lexsort((a,b)) # 返回对（a,b）重排之后的索引
    np.hstack((b[index].reshape(10,1),a[index].reshape(10,1)))
Out[]: array([[0, 1],
              [0, 2],
              [0, 5],
              [1, 7],
              [1, 7],
              [1, 10],
              [2, 2],
              [2, 4],
              [2, 9],
              [2, 9]])

数组的条件筛选，可以使用函数 numpy.extract（condition,x）根据条件 condition 从数组 x 中抽取元素，返回满足条件的元素。

In[]:   np.extract(a>5,a)
Out[]: array([10, 7, 7, 9, 9])

函数 numpy.where（condition）返回输入数组中满足给定条件的元素的索引。

In[]: np.where(a>5)
Out[]:(array([0, 1, 2, 6, 9], dtype=int64),)
In[]: a[np.where(a>5)]
Out[]:array([10, 7, 7, 9, 9])

函数 numpy.where（condition，x，y）满足条件 condition 时输出 x，不满足时输出 y。

In[]:   np.where(a >5 ,a,0)
Out[]: array([10, 7, 7, 0, 0, 0, 9, 0, 0, 9])

三、统计函数

统计函数可对整个数组或者某个轴向的数据进行统计计算，即 axis=0 表示沿着纵轴计算，axis=1 表示沿着横轴计算，默认时计算一个总值。

```
arr = np.array([[ 0, 1, 2, 3, 4, 5],
                [ 6, 7, 8, 9, 10, 11]])
print(arr.mean())
print(np.mean(arr))      # 结果等同于 arr.mean()
print(arr.sum())
print(np.sum(arr))       # 结果等同于 arr.sum()
```

结果为：

```
5.5
5.5
66
66

In[]:   arr.mean(axis=0)         # 在纵轴方向求均值
Out[]: array([3., 4., 5., 6., 7., 8.])
In[]:   arr.mean(axis=1)         # 在横轴方向求均值
Out[]: array([2.5, 8.5])
In[]:   arr.cumsum()             # 所有元素累积求和
Out[]: array([ 0, 1, 3, 6, 10, 15, 21, 28, 36, 45, 55, 66], dtype=int32)
In[]:   arr.cumsum(axis=0)       # 沿着纵轴累积求和
Out[]: array([[ 0, 1, 2, 3, 4, 5],
              [ 6, 8, 10, 12, 14, 16]], dtype=int32)
In[]:   arr.cumsum(axis=1)       # 沿着横轴累积求和
Out[]: array([[ 0, 1, 3, 6, 10, 15],
              [ 6, 13, 21, 30, 40, 51]], dtype=int32)
```

统计函数见表 4-5。

表 4-5　统计函数

函数	说明
sum( )	计算数组的和
mean( )	计算数组均值
std( )	计算数组标准差
var( )	计算数组方差
min( )	计算数组最小值
max( )	计算数组最大值
argmin( )	返回数组最小元素的索引
argmax( )	返回数组最大元素的索引
cumsum( )	计算所有元素的累计和
cumprod( )	计算所有元素的累计积

四、唯一化与其他的集合逻辑

NumPy 提供了一些针对一维数组 ndarray 的基本集合运算。常用的 np.unique( ) 函数可以找出数组中的唯一值并返回已排序的结果。数组的集合运算方法见表 4-6。

```
In[]:   ints = np.array([2,2,3,3,6,5])
        np.unique(ints)
Out[]: array([2, 3, 5, 6])
In[]:   color = np.array(['red','red','green','green','white','blakc'])
        np.unique(color)
Out[]: array(['blakc', 'green', 'red', 'white'], dtype='<U5')
```

表 4-6　数组的集合运算方法

方法	说明
unique(x)	计算 x 中的唯一元素，并返回有序结果
intersect1d(x,y)	计算 x 和 y 中的公共元素，并返回有序结果
union1d(x,y)	计算 x 和 y 的并集，并返回有序结果
in1d(x,y)	得到一个表示"x 的元素是否包含于 y"的布尔型数组
setdiff1d(x,y)	集合的差，即元素在 x 中且不在 y 中
setxor1d(x,y)	集合的对称差，即存在于一个数组中但不同时存在于两个数组中的元素

小结　本章学习的 NumPy 模块是高性能科学计算模块，其对象数组 ndarray 具有矢量算术运算和广播能力，速度快且节省空间。NumPy 包含对数组进行快速运算的标准数学函数，如四则运算函数和基本的统计分析函数。许多高级的模块，包括下一章要学习的强大的数据分析模块 Pandas 都是以 NumPy 为基础构建而成的。

实　训

实训要求：读取 iris 数据集中的花萼长度数据（已保存为 CSV 格式），对其进行排序、去重，并求出和、累积和、均值、标准差、方差、最小值、最大值。

实训步骤：

第一步：读取数据。

```
In[]:   import numpy as np
        np1 = np.loadtxt("iris_sepal_length.csv")
        print(np1)

        [5.1 4.9 4.7 4.6 5.  5.4 4.6 5.  4.4 4.9 5.4 4.8 4.8 4.3 5.8 5.7 5.4 5.1
        5.7 5.1 5.4 5.1 4.6 5.1 4.8 5.  5.2 5.2 4.7 4.8 5.4 5.2 5.5 4.9 5.
        5.5 4.9 4.4 5.1 5.  4.5 4.4 5.  5.1 4.8 5.1 4.6 5.3 5.  7.  6.4 6.9 5.5
        6.5 5.7 6.3 4.9 6.6 5.2 5.  5.9 6.  6.1 5.6 6.7 5.6 5.8 6.2 5.6 5.9 6.1
        6.3 6.1 6.4 6.6 6.8 6.7 6.  5.7 5.5 5.5 5.8 6.  5.4 6.  6.7 6.3 5.6 5.5
        5.5 6.1 5.8 5.  5.6 5.7 5.7 6.2 5.1 5.7 6.3 5.8 7.1 6.3 6.5 7.6 4.9 7.3
        6.7 7.2 6.5 6.4 6.8 5.7 5.8 6.4 6.5 7.7 7.7 6.  6.9 5.6 7.7 6.3 6.7 7.2
        6.2 6.1 6.4 7.2 7.4 7.9 6.4 6.3 6.1 7.7 6.3 6.4 6.  6.9 6.7 6.9 5.8 6.8
        6.7 6.7 6.3 6.5 6.2 5.9]
```

第二步：排序与去重。

In[]: np.sort(np1)
Out[]: array([4.3, 4.4, 4.4, 4.4, 4.5, 4.6, 4.6, 4.6, 4.6, 4.7, 4.7, 4.8, 4.8,
4.8, 4.8, 4.8, 4.9, 4.9, 4.9, 4.9, 4.9, 4.9, 5. , 5. , 5. , 5. ,
5. , 5. , 5. , 5. , 5. , 5. , 5.1, 5.1, 5.1, 5.1, 5.1, 5.1, 5.1,
5.1, 5.1, 5.2, 5.2, 5.2, 5.2, 5.3, 5.4, 5.4, 5.4, 5.4, 5.4, 5.4,
5.5, 5.5, 5.5, 5.5, 5.5, 5.5, 5.5, 5.6, 5.6, 5.6, 5.6, 5.6, 5.6,
5.7, 5.7, 5.7, 5.7, 5.7, 5.7, 5.7, 5.8, 5.8, 5.8, 5.8, 5.8,
5.8, 5.8, 5.9, 5.9, 5.9, 6. , 6. , 6. , 6. , 6. , 6. , 6.1, 6.1,
6.1, 6.1, 6.1, 6.1, 6.2, 6.2, 6.2, 6.2, 6.3, 6.3, 6.3, 6.3, 6.3,
6.3, 6.3, 6.3, 6.4, 6.4, 6.4, 6.4, 6.4, 6.4, 6.5, 6.5,
6.5, 6.5, 6.5, 6.6, 6.6, 6.7, 6.7, 6.7, 6.7, 6.7, 6.7, 6.7,
6.8, 6.8, 6.8, 6.9, 6.9, 6.9, 6.9, 7. , 7.1, 7.2, 7.2, 7.2, 7.3,
7.4, 7.6, 7.7, 7.7, 7.7, 7.7, 7.9])

In[]: np.unique(np1)
Out[]: array([4.3, 4.4, 4.5, 4.6, 4.7, 4.8, 4.9, 5. , 5.1, 5.2, 5.3, 5.4, 5.5,
5.6, 5.7, 5.8, 5.9, 6. , 6.1, 6.2, 6.3, 6.4, 6.5, 6.6, 6.7, 6.8,
6.9, 7. , 7.1, 7.2, 7.3, 7.4, 7.6, 7.7, 7.9])

第三步：求出和、均值、方差、标准差、最大值、最小值、累积和。

In[]: print(np.sum(np1))
print(np.mean(np1))
print(np.var(np1))
print(np.std(np1))
print(np.max(np1))
print(np.min(np1))
print(np.cumsum(np1))

876.5
5.843333333333334
0.6811222222222223
0.8253012917851409
7.9
4.3
[4.3   8.7 13.1 17.5 22.   26.6 31.2 35.8 40.4 45.1 49.8 54.6
  59.4 64.2 69.   73.8 78.7 83.6 88.5 93.4 98.3 103.2 108.2 113.2
 118.2 123.2 128.2 133.2 138.2 143.2 148.2 153.2 158.3 163.4 168.5 173.6
 178.7 183.8 188.9 194. 199.1 204.3 209.5 214.7 219.9 225.2 230.6 236.
 241.4 246.8 252.2 257.6 263.1 268.6 274.1 279.6 285.1 290.6 296.1 301.7
 307.3 312.9 318.5 324.1 329.7 335.4 341.1 346.8 352.5 358.2 363.9 369.6
 375.3 381.1 386.9 392.7 398.5 404.3 410.1 415.9 421.8 427.7 433.6 439.6
 445.6 451.6 457.6 463.6 469.6 475.7 481.8 487.9 494. 500.1 506.2 512.4

```
 518.6 524.8 531.  537.3 543.6 549.9 556.2 562.5 568.8 575.1 581.4 587.7
 594.1 600.5 606.9 613.3 619.7 626.1 632.5 639.  645.5 652.  658.5 665.
 671.6 678.2 684.9 691.6 698.3 705.  711.7 718.4 725.1 731.8 738.6 745.4
 752.2 759.1 766.  772.9 779.8 786.8 793.9 801.1 808.3 815.5 822.8 830.2
 837.8 845.5 853.2 860.9 868.6 876.5]
```

练习

1. 导入 NumPy 库，并查看当前 NumPy 的版本号。
2. 使用 arange() 函数创建一维数组，输出结果为：
array([11,22,33,44,55,66,77,88 ,99])。
3. 利用 NumPy 创建一个 3 行 3 列的数组，元素值全是 False（使用两种方式创建）。注意：只能使用 NumPy 的数组创建函数直接生成。
4. 利用 NumPy 生成一个 1～200 之间的奇数数据，然后将其转换为 20 行的二维数组，数据类型为浮点型。
5. 对第 4 题生成的数据进行就地随机排序。
6. 创建一个 10 行 4 列的正态高斯分布样本值，并进行转置操作。

第五章
高级数据分析类库 Pandas 基础

Python 是数据处理常用工具,可以处理数量级从几 KB 至几 TB 不等的数据。然而单纯依赖 Python 本身自带的库进行数据分析还是具有一定的局限性的,需要安装第三方扩展库来增强分析和挖掘能力。NumPy 是 Python 进行科学计算的基础包,但是不提供高级数据分析功能。高级数据分析类库 Pandas 就是为解决数据分析任务而生的。通过 Pandas 基础这一章的学习,读者能理解 Pandas 数据结构,对数据文件进行读写,掌握简单的数据统计,对数据进行清洗和处理。

第一节 Pandas 数据分析基础

一、Pandas 简介

Pandas 基于 NumPy 而构建,是支持数据处理和分析的核心库。Pandas 的名称来自于面板数据(Panel Data)和 Python 数据分析(Data Analysis)。Pandas 类库使数据分析工作变得更快、更简单。它提供了快速、便捷处理结构化数据的数据结构和函数,高性能的数组计算功能,超越电子表格和关系型数据库(如 SQL)的灵活的数据处理功能,复杂精细的索引功能,便捷地完成重塑、切片和切块、聚合及选取数据子集等的功能。Pandas 最初作为金融数据分析工具被开发出来,因此,Pandas 也为时间序列分析提供了很好的支持。

二、Pandas 对象结构类型

Pandas 对象主要有三种:Series(序列)对象、DataFrame(数据框)对象、Index(索引)对象。Series 是带标签的一维数组,DataFrame 是带标签的二维表格。在构建 Series、DataFrame 时,标签会转换为一个 Index 对象,负责管理轴标签、轴名称等元数据,是一个不可修改的、有序的、可以索引的数组 ndarry 对象。Pandas 对象被认为是 NumPy 结构化数组的增强版本,其中行、列是用标签而不是简单的整数索引来标识的。Pandas 对象进行运算(如根据布尔型数组进行过滤、标量乘法、应用数学函数等)

时会保留索引和值之间的链接。

要使用 Pandas，首先要导入 Pandas，也常常同时导入 NumPy，并把 Pandas 里的 Series 和 DataFrame 引入本地命名空间。约定本章中所有的操作都基于此：

```
from pandas import Series,DataFrame
import pandas as pd
import numpy as np
```

三、Series 对象组成结构与运用

Seires 是带标签的一维数组，可存储整数、浮点数、字符串、Python 对象等类型的数据，轴标签统称为索引。所以 Series 是由一组数据和与之相关的索引组成的，类似于 Excel 表里的一列。利用 Pandas 里的 Series() 函数即可创建 Series 对象。

1. Series 的创建

Series 的创建可利用函数 Series（data, index=index），其中 data 可以是数组、字典、标量。

```
In[]:    ser1 = Series([2, 5, 8, 11, 14 ])
         ser1
Out[]:  0    2
        1    5
        2    8
        3    11
        4    14
        dtype: int64
```

Series 左边是索引，右边是值，在没有指定索引的情况下，默认的索引是从 0 开始的整数型索引。可以分别通过 Series 的 values 和 index 获得值和索引。

```
In[]:    ser1.values
Out[]:  array([ 2,  5,  8, 11, 14], dtype=int64)
In[]:    ser1.index
Out[]:  RangeIndex(start=0, stop=5, step=1)
```

当然可以指定索引，索引的长度应该与数组的长度一样。

```
In[]:    ser2 = Series([2, 5, 8, 11, 14 ],index=['c', 'e', 'a', 'b', 'd'])
         ser2
Out[]:  c    2
        e    5
        a    8
        b    11
        d    14
        dtype: int64
```

函数 Series（data，index=index）里的 data 如果是字典，那么字典本身就有数据标签，字典其中的 key 可转换为索引。

```
In[]: d = {'a': 0., 'b': 1., 'c': 2.}
      Series(d)
Out[]: a    0.0
       b    1.0
       c    2.0
       dtype: float64
```

如果函数里设置了 index 参数，则按 index 索引标签提取 data 里对应的值。如果所修改的标签与原数据标签有所不同，则在构建中就将其对应的结果设置为 NaN。

```
In[]: Series(d, index=['b', 'c', 'd', 'a'])
Out[]: b    1.0
       c    2.0
       d    NaN
       a    0.0
       dtype: float64
```

如果 data 是标量，则必须提供索引，Series 按索引长度重复该标量值。

```
In[]: Series(5., index=['a', 'b', 'c', 'd', 'e'])
Out[]: a    5.0
       b    5.0
       c    5.0
       d    5.0
       e    5.0
       dtype: float64
```

2. Series 取值

Series 可以通过索引的方式取出一个值或一组值。

```
In[]: ser2["c"]
      2
Out[]: ser2[["c","a",'b']]
       c    2
       a    8
       b    11
       dtype: int64
```

3. 设置 Series 的 name 属性

Series 对象本身和索引都有 name 属性。

```
In[]: ser2.name = 'grade'
      ser2.index.name = 'alphabet'
      ser2
Out[]: alphabet
      c    2
      e    5
      a    8
      b    11
      d    14
      Name: grade, dtype: int64
```

4. 修改 Series 的索引

索引可以通过赋值的方式就地修改，实际上是重新定义了索引。

```
In[]: ser2.index = ['color', 'egg', 'animal', 'boy', 'dog']
      ser2
Out[]: color    2
       egg      5
       animal   8
       boy      11
       dog      14
       Name: grade, dtype: int64
```

四、DataFrame 对象组成结构与运用

DataFrame 是由多种类型的列构成的二维标签数据结构，含有行索引和列索引，且每一列都可以是不同的值类型（数值、字符串、布尔值等）。DataFrame 可以被看作由 Series 组成的字典（公用同一个索引），也可以用电子表格的结构去理解 DataFrame。如图 5-1 所示，电子表格的列标题就像每一列的标签，即列索引，而每一行最前面的记录就像每一行的标签，即行索引。

学号	姓名	性别	语文	数学	英语
001	吴军	男	75	87	76
002	王倩	女	34	93	95
003	张华	男	73	45	82

图 5-1 DataFrame 的列索引和行索引

1. DataFrame 的创建

DataFrame 的创建可利用函数 DataFrame（data，index，columns，dtype，copy）生成。有以下几种生成方式。

（1）由等长列表组成的字典生成。字典里的 key 可转换为列索引。在没有指定的情况下，DataFrame 也跟 Series 一样会自动加上索引，是默认从 0 开始的整数型索引。

```
In[]: data = {' 单价 ': [3398, 1599, 4899, 2199],
              ' 商品名称 ': [' 计算机 ', ' 手机 ', ' 智能电视 ', ' 冰箱 '],
              ' 销量 ': [72000, 120000, 40700, 31200]}
       Df = DataFrame(data)
       df
Out[]:      单价      商品名称      销量
       0    3398      计算机      72000
       1    1599      手机       120000
       2    4899      智能电视     40700
       3    2199      冰箱       31200
```

DataFrame 用 index 和 columns 属性分别访问行标签、列标签。

```
In[]: df.index
Out[]: RangeIndex(start=0, stop=4, step=1)
In[]: df.columns
Out[]: Index([' 单价 ', ' 商品名称 ', ' 销量 '], dtype='object')
```

DataFrame 在创建时可以指定行索引和列索引，DataFrame 就会按照列索引指定的列进行排列，如果在传入的列中找不到值，就会产生空值。

```
In[]: df = DataFrame(data,index='001 002 003 004'.split( ),
               columns=' 商品名称 销量 单价 销售额 '.split( ))
       df
Out[]:       商品名称      销量       单价      销售额
       001   计算机       72000    3398     NaN
       002   手机        120000   1599     NaN
       003   智能电视      40700    4899     NaN
       004   冰箱        31200    2199     NaN
```

给 DataFrame 的 index 和 columns 设置 name 属性，这些信息也会被显示出来。

```
In[]: df.index.name = ' 商品编号 '
       df.columns.name = ' 商品情况 '
       df
Out[]: 商品情况     商品名称      销量       单价      销售额
       商品编号
       001       计算机       72000    3398     NaN
       002       手机        120000   1599     NaN
       003       智能电视      40700    4899     NaN
       004       冰箱        31200    2199     NaN
```

（2）DataFrame 用二维数组来生成。

```
In[]: df = DataFrame(np.arange(16).reshape((4,4)),
                     index=['a', 'b', 'c', 'd'],
                     columns=['one', 'two', 'three', 'four'])
      df
```

Out[]:
	one	two	three	four
a	0	1	2	3
b	4	5	6	7
c	8	9	10	11
d	12	13	14	15

（3）DataFrame 用 Series 字典生成，生成的行索引是每个 Series 索引的并集。如果没有指定列，则 DataFrame 的列就是字典键的有序列表。

```
In[]: d = {'one': Series([1., 2., 3.], index=['a', 'b', 'c']),
           'two': Series([1., 2., 3., 4.], index=['a', 'b', 'c', 'd'])}
      df = DataFrame(d)
      df
```

Out[]:
	one	two
a	1.0	1.0
b	2.0	2.0
c	3.0	3.0
d	NaN	4.0

DataFrame 指定了列索引，如果没有对应数据，则会产生空值。

```
In[]: DataFrame(d, index=['d', 'b', 'a'],
                columns=['two', 'three'])
```

Out[]:
	two	three
d	4.0	NaN
b	2.0	NaN
a	1.0	NaN

（4）DataFrame 用嵌套字典创建，其中外层字典的键作为列索引，内层字典的键作为行索引。

```
In[]:  data = {
       '库存量': {'一月':100000, '二月': 80000, '三月': 50000, '四月': 28000},
       '销量': {'二月': 20000,'三月': 30000, '四月': 22000}}
       DataFrame(data)
```

Out[]:
	库存量	销量
一月	100000	NaN
二月	80000	20000.0
三月	50000	30000.0
四月	28000	22000.0

2. DataFrame 的取值

DataFrame 可以利用位置索引和布尔索引来取值。

（1）位置索引。位置索引一般有两种方法，df.iloc[] 是按绝对位置查找，df.loc[] 是按索引查找。例如，对于 df（如图 5-2 所示），想要查找第 2 行第 3 列的元素。可以用以下两种命令。

	one	two	three	four
a	0	1	2	3
b	4	5	6	7
c	8	9	10	11
d	12	13	14	15

图 5-2　数据框 df

```
print(df.iloc[1,2])
print(df.loc["b","three"])
```

结果为：

```
6
6
```

需要注意的是两种方法对于连续选取的情况，有一些微妙的不同。loc 包含首尾列，而 iloc 不包含尾列。

In[]:	df.loc[:,"one":"three"]		
Out[]:	one	two	three
a	0	1	2
b	4	5	6
c	8	9	10
d	12	13	14
In[]:	df.iloc[:,0:2]		
Out[]:	one	two	
a	0	1	
b	4	5	
c	8	9	
d	12	13	

（2）布尔索引。第二种取值方法是利用布尔索引。例如，DataFrame 的元素与一个标量进行比较，会生成一个布尔型的 DataFrame，再传入数据框中，即可筛选出满足条件的元素。

In[]:	df > 6			
Out[]:	one	two	three	four
a	False	False	False	False
b	False	False	False	True
c	True	True	True	True
d	True	True	True	True
In[]:	df[df > 6]			
Out[]:	one	two	three	four
a	NaN	NaN	NaN	NaN
b	NaN	NaN	NaN	7.0
c	8.0	9.0	10.0	11.0
d	12.0	13.0	14.0	15.0

（3）选取 df 的所有值可使用 df.values 选取数据框的所有值，要注意得到的是 ndarray 类型。

```
In[]:    df.values
Out[]:   array([[ 0,  1,  2,  3],
                [ 4,  5,  6,  7],
                [ 8,  9, 10, 11],
                [12, 13, 14, 15]])
```

3. DataFrame 的增改删

（1）增加行或者列，可以直接通过赋值增加行列。例如需要增加一列，用 df[' 新列名 ']= 新列值的形式，或者用 df.loc[:," 新列名 "]= 新列值的形式。如果需要增加一行，可以用 df.loc[" 新索引 ",:]= 新行值的形式。

```
In[]:    df['name'] = ['aa','bb','cc','dd'] # 增加新列
         df
Out[]:
```

	one	two	three	four	name
a	0	1	2	3	aa
b	4	5	6	7	bb
c	8	9	10	11	cc
d	12	13	14	15	dd

```
In[]:    df.loc['e',:]=[16,17,18,19,"ff"]  # 增加新行
         df
Out[]:
```

	one	two	three	four	name
a	0.0	1.0	2.0	3.0	aa
b	4.0	5.0	6.0	7.0	bb
c	8.0	9.0	10.0	11.0	cc
d	12.0	13.0	14.0	15.0	dd
e	16.0	17.0	18.0	19.0	ff

（2）修改数值，可以通过给列、行元素赋值达到修改数值的目的。

```
In[]:    df.iloc[4,4] = 'ee'
         df
Out[]:
```

	one	two	three	four	name
a	0.0	1.0	2.0	3.0	aa
b	4.0	5.0	6.0	7.0	bb
c	8.0	9.0	10.0	11.0	cc
d	12.0	13.0	14.0	15.0	dd
e	16.0	17.0	18.0	19.0	ee

如果是修改行列的名字，也可以通过 df.columns 和 df.index 对行列名字赋值的方法进行。只是这个时候，需要列出所有的行名和列名，而且是对 df 进行直接修改。

```
In[]:   df.columns = 'color size mark weight name'.split()
        df
Out[]:      color   size    mark    weight  name
        a   0.0     1.0     2.0     3.0     aa
        b   4.0     5.0     6.0     7.0     bb
        c   8.0     9.0     10.0    11.0    cc
        d   12.0    13.0    14.0    15.0    dd
        e   16.0    17.0    18.0    19.0    ee
```

另外一种方法是利用 df.rename()，参数为字典或函数，将要修改的名称和修改后的名称对应起来，其中 inplace=True 表示直接修改原数据框。

```
In[]:   df.rename(index={"a":"A","b":"B"},inplace=True)
        df
Out[]:      color   size    mark    weight  name
        A   0.0     1.0     2.0     3.0     aa
        B   4.0     5.0     6.0     7.0     bb
        c   8.0     9.0     10.0    11.0    cc
        d   12.0    13.0    14.0    15.0    dd
        e   16.0    17.0    18.0    19.0    ee
```

但如果仅仅是交换顺序，而不是改变行列名称，则可以用 df.reindex()。使用 df.reindex() 时在 df 上不能直接修改，得到的是新的数据框。

```
In[]:   df.reindex(index=['e','d','c','B','A'],
                   columns=['name', 'color', 'size', 'mark', 'weight'])
Out[]:      name    color   size    mark    weight
        e   ee      16.0    17.0    18.0    19.0
        d   dd      12.0    13.0    14.0    15.0
        c   cc      8.0     9.0     10.0    11.0
        B   bb      4.0     5.0     6.0     7.0
        A   aa      0.0     1.0     2.0     3.0
```

（3）DataFrame 的删减。DataFrame 可以利用 df.drop() 删除行或者列。df.drop() 删除的是视图，如果需要改变原数据框，则可利用参数 inplace=True。

```
In[]:  df.drop(index=["A","B"],columns=['color', 'size'])
Out[]:     mark    weight  name
        c   10.0    11.0    cc
        d   14.0    15.0    dd
        e   18.0    19.0    ee
```

五、Pandas 索引对象

Pandas 的索引对象负责管理轴标签和其他元数据（如轴名称等）。在创建 Series 或

DataFrame 的时候，所用到的任何数组或其他序列的标签都会被转换成一个 Index 对象。与 Pandas 数据结构（Series 和 DataFrame）中其他元素不同的是，Index 对象一旦声明，就不能改变。当不同数据结构共用 Index 对象时，该特性能够保证它的安全。

1. Index 对象创建

Index 对象的创建使用 pd.Index()。

```
In[]:   index = pd.Index(['a','b','c'])
        index
Out[]:  Index(['a', 'b', 'c'], dtype='object')
```

Index 对象一旦创建后，就不能修改，否则程序会报错。

```
In[]:   index[1] = 'bb'
```

TypeError   Traceback (most recent call last)
<ipython-input–135-e8a6bb199ecc> in <module>
----> 1 index[1]='bb'

~\Anaconda3\lib\site-packages\pandas\core\indexes\base.pye in __setitem__(self, key, value)
   4258
   4259   def __setitem__(self, key, value):
-> 4260   raise TypeError("Index does not support mutable operations")
   4261
   4262   def __getitem__(self, key):

TypeError: Index does not support mutable operations

Series、DataFrame 的索引都是 Index 对象。

```
In[]:   df.index
Out[]:  Index(['A', 'B', 'c', 'd', 'e'], dtype='object')
In[]:   df.columns
Out[]:  Index(['color', 'size', 'mark', 'weight', 'name'], dtype='object')
```

2. 也可以把 Index 对象看作一个有序的集合进行交、并、差等运算

```
index1 = pd.Index(['b','c','d'])
print(index & index1)      # 索引对象的交运算
print(index|index1)        # 索引对象的并运算
```

结果为：

Index(['b', 'c'], dtype='object')
Index(['a', 'b', 'c', 'd'], dtype='object')

第二节　Pandas 数据读写

数据通常存储在外部文件中，如 TXT、CSV、Excel 等文件，数据读写对数据分析很重要。Pandas 作为 Python 核心库，负责数据处理和分析。从外部文件读写数据也被视为数据处理的一部分，所以 Pandas 库为此提供专门的 I/O API 函数，这些函数分为两类：读取函数和写入函数。

一、文本文件读写

工作中比较常见的保存数据的文件类型是文本文件，如 CSV 格式文件、TXT 格式文件等。CSV 格式文件由逗号分隔；TXT 格式文件由空格或制表符分隔，这种数据源易于转录和解释。表 5-1 列出了 Pandas 的专门用来处理这种文件类型的函数。

表 5-1　Pandas 文本文件读写函数

函数	说明
read_csv( )	读取默认分隔符为逗号的数据文件
read_table( )	读取默认分隔符为制表符（"\t"）的数据文件
to_csv( )	将数据写入以 CSV 格式保存的文件

1. 文本文件的读取

读取文本文件的命令函数：

pd.read_csv(path,seq=",",header=0,index_col=null,names=None,encoding=None,skiprows=None, na_values=None)

参数说明见表 5-2。

表 5-2　pd.read_csv( ) 的参数说明

参数名称	说明
path	文件路径
encoding	编码的方式
header	设定第几行为标题行
names	给列进行命名
index_col	设置索引列
na_values	设置空字符

要读取的 CSV 文件可以放在 Jupyter Notebook 同目录下，这样直接写文件名就可以了。但是如果没有放在同目录下，就需要写绝对路径，否则读取不到。如果文件中有中文字符，那么 Python 需要知道用哪一个中文编码编译，例如，数据文件是由中文国际标准编码 GBK 编译的，就需要在参数 encoding 中放入参数值 gbk。

> **GBK 小知识**
>
> 　　计算机世界中只有 0 和 1，如何用 0 和 1 将现实世界里的字符表示出来呢？这就需要设计字符与计算机中的 0、1 映射，也就是编码。在英文的语言里字符有限（256 个字符），计算机中 8 位的字节就可以表示所有字符，于是有了最初的 ASCII 码表。可是我国文化源远流长、汉字博大精深，远远大于 256 个字符，那么如何利用计算机实现？于是就有了采用 16 位（即两个字节）来进行汉字编码。国家组织专业技术人员开发了 GBK，全称为"汉字内码扩展规范"。"科技兴国、科技强国"应是在攀登的道路上不断创新，解决问题。

```
In[]:   pd.read_csv("ex1.csv",encoding='gbk')
Out[]:
```

	学号	姓名	性别	语文	数学	英语
0	1	吴军	男	75	87	76
1	2	王倩	女	34	93	95
2	3	张华	男	73	45	82
3	4	黄国华	男	87	96	75
4	5	马莉	女	96	55	89

　　读取文件时，默认第一行是标题行，即 header=0（注意，Python 是从 0 开始计数的）。如果没有标题行，则可以设置 header=None，Pandas 可以自动分配列名，如读取图 5-3 所示的文件。

	A	B	C	D	E	F
1	吴军	男	75	87	76	
2	王倩	女	34	93	95	
3	张华	男	73	45	82	
4	黄国华	男	87	96	75	
5	马莉	女	96	55	89	

图 5-3　CSV 文件内容

```
In[]:   pd.read_csv("ex1noheader.csv", header=None, encoding="gbk")
Out[]:
```

	0	1	2	3	4	5
0	1	吴军	男	75	87	76
1	2	王倩	女	34	93	95
2	3	张华	男	73	45	82
3	4	黄国华	男	87	96	75
4	5	马莉	女	96	55	89

可以通过参数 names 给列命名。

```
In[]:   pd.read_csv("ex1noheader.csv",header=None, encoding="gbk",
                names=["学号","姓名","性别","语文","数学","英语"])
Out[]:
```

	学号	姓名	性别	语文	数学	英语
0	1	吴军	男	75	87	76
1	2	王倩	女	34	93	95
2	3	张华	男	73	45	82
3	4	黄国华	男	87	96	75
4	5	马莉	女	96	55	89

根据情况选择标题行的位置，如图 5-4 所示，标题行的位置是第二行，设置 header=1 即可。另外，学号这一列可以在读入的时候作为索引。

A	B	C	D	E	F
学生成绩表					
学号	姓名	性别	语文	数学	英语
1	吴军	男	75	87	76
2	王倩	女	34	93	95
3	张华	男	73	45	82
4	黄国华	男	87	96	75
5	马莉	女	96	55	89

图 5-4　设置标题行

```
In[]:   pd.read_csv("ex2.csv",header=1,index_col=[" 学号 "])
Out[]:          姓名     性别    语文    数学    英语
        学号
         1      吴军      男      75      87      76
         2      王倩      女      34      93      95
         3      张华      男      73      45      82
         4     黄国华     男      87      96      75
         5      马莉      女      96      55      89
```

也可以根据情况，利用参数 skiprows 跳过不需要读入的行，如跳过图 5-5 所示的第 1、3、4 行。

	A	B	C	D	E	F
1	#这是2020级3班同学的学生成绩表					
2	学号	姓名	性别	语文	数学	英语
3	#包括姓名 、性别、语文、数学、英语等信息					
4	#文件以CSV格式存储					
5	1	吴军	男	75	87	76
6	2	王倩	女	34	93	95
7	3	张华	男	73	45	82
8	4	黄国华	男	87	96	75
9	5	马莉	女	96	55	89

图 5-5　跳过不需要读入的行

```
In[]:   pd.read_csv("ex3.csv",skiprows=[0,2,3],index_col=[" 学号 "])
Out[]:          姓名     性别    语文    数学    英语
        学号
         1      吴军      男      75      87      76
         2      王倩      女      34      93      95
         3      张华      男      73      45      82
         4     黄国华     男      87      96      75
         5      马莉      女      96      55      89
```

源数据文件会出现有些数据缺失的情况，或者以不同的字符表示空字符的情况，Pandas 会统一成“NaN”，如图 5-6 所示。

	A	B	C	D	E	F
1	学号	姓名	性别	语文	数学	英语
2	1	吴军	男		75	87	
3	2	王倩	女	34	na	95
4	3	张华	男	null		45	82
5	4	黄国华	男	87	96	75
6	5	马莉	无	96	nan	89

图 5-6　数据缺失或者以不同的字符表示空字符的情况

In[]: pd.read_csv("ex4.csv")
Out[]:

	学号	姓名	性别	语文	数学	英语
0	1	吴军	男	75.0	87	NaN
1	2	王倩	女	34.0	n	95.0
2	3	张华	男	NaN	45	82.0
3	4	黄国华	男	87.0	96	75.0
4	5	马莉	无	96.0	NaN	89.0

在这个例子中还有两个空字符没有辨识出来，如果需要把所有的空字符情况一一辨识出来，这就可以通过参数 na_values 来设定。

In[]: pd.read_csv("ex4.csv",na_values={'n'," 无 "})
Out[]:

	学号	姓名	性别	语文	数学	英语
0	1	吴军	男	75.0	87	NaN
1	2	王倩	女	34.0	NaN	95.0
2	3	张华	男	NaN	45	82.0
3	4	黄国华	男	87.0	96	75.0
4	5	马莉	NaN	96.0	NaN	89.0

对于其他更多参数的学习，可以在命令行里输入"pd.read_csv?"，得到帮助文档，从中即可阅读和学习各参数的作用和用法，如图 5-7 所示。其实每一个命令都可以这样查询，从而帮助读者深入学习、拓展知识。

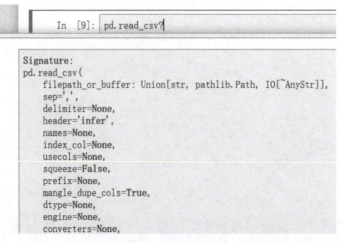

图 5-7　使用帮助文档

2. pd.read_table() 与 pd.read_csv() 的区别

它们的不同在于，read_csv() 参数的分隔符默认是逗号，而 read_table() 参数的分隔符默认是制表符。其他参数均相似。如用 read_table() 读取 CSV 文件，需要设置分隔符 sep=','。

```
In[]:    pd.read_table("ex1.csv",sep=",",encoding='gbk')
Out[]:
```

	学号	姓名	性别	语文	数学	英语
0	1	吴军	男	75	87	76
1	2	王倩	女	34	93	95
2	3	张华	男	73	45	82
3	4	黄国华	男	87	96	75
4	5	马莉	女	96	55	89

如果分隔符是数量不定的空白符，或者使用默认的制表分隔符，则读取出来时文档不正确，如图 5-8 所示的文本文件。

```
In[]:    pd.read_table("extxt.txt",encoding="gbk")
Out[]:
```

	学号	姓名	性别	语文	数学	英语
0	1 吴军 男 75 87 76	NaN	NaN	NaN	NaN	NaN
1	2 王倩 女 34 93 95	NaN	NaN	NaN	NaN	NaN
2	3 张华 男 73 45 82	NaN	NaN	NaN	NaN	NaN
3	4 黄国华 男 87 96 75	NaN	NaN	NaN	NaN	NaN
4	5 马莉 女 96 55 89	NaN	NaN	NaN	NaN	NaN

图 5-8 文本文件

分隔符用正则表达式 \s+ 表示，即可解决这个问题。

```
In[]:    pd.read_table("extxt.txt",sep='\s+',encoding="gbk")
Out[]:
```

	学号	姓名	性别	语文	数学	英语
0	1	吴军	男	75	87	76
1	2	王倩	女	34	93	95
2	3	张华	男	73	45	82
3	4	黄国华	男	87	96	75
4	5	马莉	女	96	55	89

3. 写入数据文件

将数据 data 写到一个以逗号分隔的文件中，则命令为 data.to_csv()。

In[]: data=pd.read_csv("ex4.csv",index_col=[" 学号 "],na_values={" 无 ","n"})
       data.to_csv("ex4out.csv",encoding="gbk")

在当前工作目录下,就保存了 ex4out.csv 文件,写入后文件内容如图 5-9 所示。

学号	姓名	性别	语文	数学	英语
1	吴军	男	75	87	
2	王倩	女	34		95
3	张华	男		45	82
4	黄国华	男	87	96	75
5	马莉			96	89

图 5-9 保存的内容

缺失值在输出结果中会被表示为空值,也可以利用参数 na_rep 标记成其他值。

In[]: data.to_csv("ex4outnarep.csv",encoding="gbk",na_rep="null")

写入后文件内容如图 5-10 所示。

学号	姓名	性别	语文	数学	英语
1	吴军	男	75	87	null
2	王倩	女	34	null	95
3	张华	男	null	45	82
4	黄国华	男	87	96	75
5	马莉	null		96	null	89

图 5-10 保存的内容(1)

写入时,行列标签可以禁用。

In[]: data.to_csv("ex4outnoindex.csv",encoding="gbk",index=False,header=False)

写入后的文件内容如图 5-11 所示。

吴军	男	75	87	
王倩	女	34		95
张华	男		45	82
黄国华	男	87	96	75
马莉			96	89

图 5-11 保存的内容(2)

二、Excel 文件读写

使用 Excel 工作表存放列表形式的数据也很常见,Pandas 定义了两个 API 函数来专门处理 Excel 文件:read_excel() 和 to_excel()。read_excel() 函数能够读取 .xls 和 .xlsx 两种类型的文件,该函数之所以能够读取 Excel 文件,是因为它整合了 xlrd 模块。

pd.read_excel() 与 pd.read_csv() 的参数相似,不同的是有参数 sheet_name,该参数

可以指定文件中的表名，可以通过数字索引读取 Sheet，索引从 0 开始。sheet_name 参数默认是 0，表示读取第一张 Sheet，也可通过名称来读取 Sheet。

当前目录下有一个名为 data.xlsx 的 Excel 文件，文件有两张表，Sheet1 的内容如图 5-12 所示。Sheet2 的内容如图 5-13 所示。

A	B	C	D	E	F
学号	姓名	性别	语文	数学	英语
1	吴军	男	75	87	76
2	王倩	女	34	93	95
3	张华	男	73	45	82
4	黄国华	男	87	96	75
5	马莉	女	96	55	89

图 5-12　Sheet1 的内容

	A	B	C	D	E	F
1	学号	姓名	性别	语文	数学	英语
2	6	方红	女	83	95	89
3	7	吕华	男	73	45	82
4	8	陈宇	男	34	88	86
5	9	张茜	女	89	91	74
6						

图 5-13　Sheet2 的内容

用索引和名称抽取 Sheet2 的数据，两种方法得到的结果是一样。

```
In[]:   pd.read_excel("data.xlsx",sheet_name=1)
Out[]:        学号    姓名    性别    语文    数学    英语
        0     6       方红    女      83      95      89
        1     7       吕华    男      73      45      82
        2     8       陈宇    男      34      88      86
        3     9       张茜    女      89      91      74
In[]:   pd.read_excel("data.xlsx",sheet_name="sheet2")
Out[]:        学号    姓名    性别    语文    数学    英语
        0     6       方红    女      83      95      89
        1     7       吕华    男      73      45      82
        2     8       陈宇    男      34      88      86
        3     9       张茜    女      89      91      74
```

如果 sheet_name=None，则返回的是以 Sheet 名为键的数据的 DataFrame 为值的字典。

```
In[]:   pd.read_excel("data.xlsx",sheet_name=None)
Out[]: OrderedDict([('sheet1',       学号  姓名    性别  语文  数学  英语
                          0          1    吴军    男    75    87    76
                          1          2    王倩    女    34    93    95
                          2          3    张华    男    73    45    82
                          3          4    黄国华  男    87    96    75
                          4          5    马莉    女    96    55    89), ('sheet2',    学号  姓名
性别  语文  数学  英语
                          0          6    方红    女    83    95    89
                          1          7    吕华    男    73    45    82
                          2          8    陈宇    男    34    88    86
                          3          9    张茜    女    89    91    74)])
```

参数 use_cols 指定需要加载的列，默认值 None 表示加载所有列，可以用元素为整数的列表加载指定多列。

```
In[]:   pd.read_excel("data.xlsx",sheet_name=0,usecols=[0,2,3])
Out[]:       学号     性别    语文
         0    1      男     75
         1    2      女     34
         2    3      男     73
         3    4      男     87
         4    5      女     96
```

将数据写入 Excel 可通过 DataFrame 对象内定义的 to_excel( ) 方法。

```
In[]:   df1= pd.read_excel("data.xlsx",sheet_name=0)
        df2= pd.read_excel("data.xlsx",sheet_name=1)
        df1.to_excel("twosheets.xlsx",sheet_name="sheet1")
```

但如果想把多个数据文件写到一个 Excel 文件中，则要利用 ExcelWriter 类。

```
In[]:   with pd.ExcelWriter('two.xlsx') as writer:
            df1.to_excel(writer, sheet_name="sheet1")
            df2.to_excel(writer, sheet_name="sheet2")
```

写入文件后的 Excel 表如图 5-14 所示。

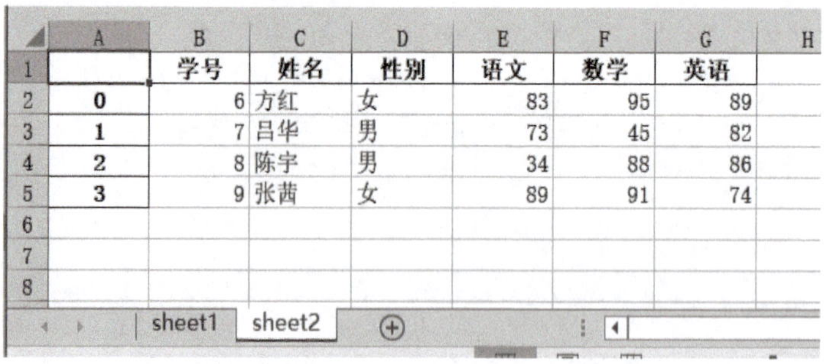

图 5-14　写入文件后的 Excel 表

第三节　使用 Pandas 进行简单的统计分析

本节我们"小试牛刀"，利用 Pandas 进行简单的统计分析，对数据进行算术运算、排序和排名，从而快速、便捷地得到描述性统计分析结果，以及理解带重复索引的轴索引，为后续高级分析做准备。

一、算术运算与数据对齐

Series 和 DataFrame 的索引与数值之间是一一对应关系，数据运行时根据索引自动对齐是 Pandas 的一个重要原则。Series 和 DataFrame 可以根据对应的索引进行加、减、乘、除运算。如果存在不同的索引对,则结构的索引是索引对的并集。add 用于加法(+);sub 用于减法(-);div 用于除法;mul 用于乘法(*)。

```
df1 = DataFrame(np.arange(9).reshape(3,3),
                index=list('abc'),
                columns='color height weight'.split( ))
df2 = DataFrame(np.arange(12).reshape(4,3),
                index=list('dcba'),
                columns='color height weight'.split( ))
print(df1)
print(df2)
```

结果为:

	color	height	weight
a	0	1	2
b	3	4	5
c	6	7	8

	color	height	weight
d	0	1	2
c	3	4	5
b	6	7	8
a	9	10	11

DataFame 执行算术运算时,会先按照行、列索引进行自动对齐,再进行相应的运算,运算后得到一个新的 DataFrame,其索引和列为原来那两个 DataFrame 的并集。当没有索引对应的情况下,会以 NaN 填空位置。

In[]: df1.add(df2)
Out[]:

	color	height	weight
a	9.0	11.0	13.0
b	9.0	11.0	13.0
c	9.0	11.0	13.0
d	NaN	NaN	NaN

在算术方法中,可以对没有索引对应的地方进行值填充,如用特殊值 0 来填充。

In[]: df1.add(df2,fill_value=0)
Out[]:

	color	height	weight
a	9.0	11.0	13.0
b	9.0	11.0	13.0
c	9.0	11.0	13.0
d	0.0	1.0	2.0

另外,DataFrame 和 Series 之间的算术运算进行索引行(axis=0)或列(axis=1)匹配后,会沿着列或行进行广播。

```
In[]:   ser1=df1['color']
        print(ser1)
        df1.add(ser1,axis=0)    # 对行索引匹配，再沿着列进行传播

        a    0
        b    3
        c    6
        Name: color, dtype: int32
Out[]:     color    height    weight
        a    0        1         2
        b    6        7         8
        c    12       13        14
```

同样，如果没有行、列索引相对应的情况，则会形成两个对象的并集，并以 NaN 填空位置。

```
In[]:   ser2= Series(range(4),index=['color','height','weight','name'])
        print(ser2)
        df1.add(ser3,axis=1)    # 对列匹配，再沿着行进行广播，以 NaN 填空位置

        color    0
        height   1
        weight   2
        name     3
        dtype:   int64
Out[]:     color    height    name    weight
        a    0        2        NaN     4
        b    3        5        NaN     7
        c    6        8        NaN     10
```

二、排序与排名

在数据分析中也常常需要对数据集进行排序或排名。如果对行、列索引进行排序，则可使用 sort_index() 方法；如果对数值进行排序，则可使用 sort_values() 方法，它们返回的是已排序的新对象。

对行、列索引的排序是按照字典的顺序进行的，参数 ascending 可以控制排序是升序还是降序。

```
In[]:   print(ser1)
        ser1.sort_index(ascending=False)

        a    0
        b    3
        c    6
```

```
         Name: color, dtype: int32
Out[]:   c    6
         b    3
         a    0
         Name: color, dtype: int32
```

对 DataFrame 的行、列索引排序，需要用参数 axis 指明是行索引还是列索引。

```
In[]:    print(df1)
         df1.sort_index(axis=1,ascending=False)
            color   height   weight
         a    0       1        2
         b    3       4        5
         c    6       7        8

Out[]:      weight  height  color
         a    2       1       0
         b    5       4       3
         c    8       7       6
```

利用 sort_values( ) 可对值进行排序，参数 ascending 控制升序和降序，参数 axis 控制沿着行方向还是列方向排序。对值进行排序的时候，无论是升序还是降序，缺失值（NaN）都会排在最后面。

```
In[]:    ser = Series([6,3,2,np.nan],index=list('abcd'))
         print(ser)
         ser.sort_values()
         a    6.0
         b    3.0
         c    2.0
         d    NaN
         dtype: float64

Out[]:   c    2.0
         b    3.0
         a    6.0
         d    NaN
         dtype: float64
```

DataFrame 的排序需要利用参数 by 指定某一行（列）或者某几行（列）。默认 axis=0 对行方向的数值排序，axis=1 对列方向的数值排序。

```
In[]:    df1.sort_values(by='weight',ascending=False)
Out[]:      color  height  weight
         c    6      7       8
         b    3      4       5
         a    0      1       2
```

如果是对多个列进行排序，则后一列的排序总是在前一列排序的基础上进行。

```
In[]:   frame = DataFrame({'a':[1,3,-4,7],'b':[0,-1,0,-1]})
        print(frame)
        frame.sort_values(by=["b","a"],ascending=(True, False))
           a   b
        0  1   0
        1  3  -1
        2 -4   0
        3  7  -1
Out[]:     a   b
        3  7  -1
        1  3  -1
        0  1   0
        2 -4   0
```

可以看到 b 列是升序排列，而 a 列在 b 列已经进行排序的基础上对应的元素进行降序排列。

排名是根据排序设定一个排名值，可以升序排名，也可以降序排名，都从 1 开始。如果有相等的值，那么再分配排名，用默认的"average"方法，即为各个相同的值分配平均排名。"first"表示根据在原始数据中的出现顺序分配排名；"min"表示使用整个分组的最小排名分配排名；"max"表示使用整个分组的最大排名分配排名。

```
In[]:   ser = Series([6,6,-1,0,3])
        ser
Out[]:  0    6
        1    6
        2   -1
        3    0
        4    3
        dtype: int64
In[]:   ser.rank()                      # 默认的 "average" 排序方法
Out[]:  0    4.5
        1    4.5
        2    1.0
        3    2.0
        4    3.0
        dtype: float64
In[]:   ser.rank(method='first')        # 以出现的顺序分配排名
Out[]:  0    4.0
        1    5.0
        2    1.0
        3    2.0
        4    3.0
        dtype: float64
```

```
In[]:    ser.rank(method='max')          # 以整个分组中的最大排名分配排名
Out[]:   0    5.0
         1    5.0
         2    1.0
         3    2.0
         4    3.0
         dtype: float64
In[]:    ser.rank(method='min')          # 以整个分组中的最小排名分配排名
Out[]:   0    4.0
         1    4.0
         2    1.0
         3    2.0
         4    3.0
         dtype: float64
```

DataFrame 的排名需要用参数 axis 设置是沿着行方向还是列方向。

```
In[]:    print(df1)
         df1.rank(axis=1,ascending=False)   # 沿着列方向降序排名
            color  height  weight
         a    0       1       2
         b    3       4       5
         c    6       7       8
Out[]:      color  height  weight
         a   3.0     2.0     1.0
         b   3.0     2.0     1.0
         c   3.0     2.0     1.0
```

三、带有重复索引的轴索引

Pandas 的索引允许带有重复值，可以通过 is_unique( ) 查看是否有重复索引。

```
In[]:    index = 'a a b b'.split( )
         df = DataFrame(np.random.randn(4,4),index=index, columns=index)
         df
Out[]:         a          a          b          b
         a   0.859698   −0.246716   1.007090   0.773853
         a   1.558152    0.780185   1.268592   0.921131
         b   0.845352    0.468947   0.057081   0.941541
         b  −2.402571   −0.870892  −2.278522   1.023094
In[]:    print(df.index.is_unique)
         print(df.columns.is_unique)
```

结果为：

False
False

可以看到行索引和列索引都有重复索引。对带重复值的索引取值，所对应的值都会被取出来。

In[]:	df.loc["a",:]		# 对行索引"a"进行取值		
Out[]:		a	a	b	b
	a	0.859698	−0.246716	1.007090	0.773853
	a	1.558152	0.780185	1.268592	0.921131
In[]:	df.loc[:,"a"]		# 对列索引"a"进行取值		
Out[]:		a	a		
	a	0.859698	−0.246716		
	a	1.558152	0.780185		
	b	0.845352	0.468947		
	b	−2.402571	−0.870892		

四、描述性分析统计

描述性分析统计是对数据整体进行的一个基本描述，主要表现为数据的集中趋势和离散趋势，如平均数（均值、中位数、众数）、方差、标准差、全距，四分位数、四分位距、百分位数等，以及频数和频率等。

Pandas 有很多描述性统计信息的函数，参数 axis 默认的是 axis=0，可对列汇总统计，也可以对行（axis=1）汇总统计。表 5-3 为描述性分析统计的方法及说明。

表 5-3 描述性分析统计的方法及说明

方法	说明
df.count()	非空元素计算
df.min()	最小值
df.max()	最大值
df.idxmin()	最小值的位置
df.idxmax()	最大值的位置
df.quantile(0.1)	10% 分位数
df.sum()	求和
df.mean()	均值
df.median()	中位数
df.mode()	众数
df.var()	方差
df.std()	标准差
df.mad()	平均绝对偏差
df.skew()	偏度
df.kurt()	峰度
df.prod()	数组元素的乘积
df.cumsum()	累计求和
df.cumprod()	累计乘积

例如，数据框 df1（如图 5-15 所示）进行描述性统计分析。

	color	height	weight	name	age
a	0	1	2	aa	3.0
b	3	4	5	bb	4.0
c	6	7	8	cc	NaN

图 5-15　数据框 df1

对行、列分别求和，注意，列"name"的所有元素都是非数值，应按照字符型求和。参数 axis=1，则对行方向进行求和。

```
In[]:   df1.sum()           # 参数 axis 默认为 0，沿行方向对列求和
Out[]:  color     9
        height    12
        weight    15
        name      aabbcc
        age       7
        dtype: object
In[]:   df1.sum(axis=1)     # 参数 axis=1，沿列方向对行求和
Out[]:  a    6.0
        b    16.0
        c    21.0
        dtype: float64
```

参数 skipna 默认为 True，表示自动排除缺失值；若 skipna=False，表示禁用此功能。

```
In[]:   df1.sum(axis=1,skipna=False)
Out[]:  a    6.0
        b    16.0
        c    NaN
        dtype: float64
```

沿着行方向对列进行累计求和。

```
In[]:  df1.cumsum()
Out[]
```

	color	height	weight	name	age
a	0	1	2	aa	3
b	3	5	7	aabb	7
c	9	12	15	aabbcc	NaN

实际上，使用方法 describe( ) 可以产生多种统计值。

```
In[]:   df1.describe()
Out[]:          color    height   weight    age
        count    3.0      3.0      3.0      2.000000
        mean     3.0      4.0      5.0      3.500000
        std      3.0      3.0      3.0      0.707107
        min      0.0      1.0      2.0      3.000000
        25%      1.5      2.5      3.5      3.250000
        50%      3.0      4.0      5.0      3.500000
        75%      4.5      5.5      6.5      3.750000
        max      6.0      7.0      8.0      4.000000
```

对于非数值型的数据，也可以产生相应的一些统计值，得到计数值、唯一值等。

```
In[]:   df2= DataFrame({'letter':['a','a','d','d','e'],
                        'LETTER':['A','B','A','B','C']})
        df2
Out[]:         letter   LETTER
        0        a        A
        1        a        B
        2        d        A
        3        d        B
        4        e        C
In[]:   df2.describe()
Out[]:         letter   LETTER
        count    5        5
        unique   3        3
        top      a        B
        freq     2        2
```

针对单独的列，可以用 value_counts() 得知每一个元素出现的次数。

```
In[]:   df1.loc[:,"name"].value_counts()
Out[]:  cc    1
        aa    1
        bb    1
        Name: name, dtype: int64
```

第四节 数据清洗与处理

大多数时候，从外部导入的数据，会存在一些数据瑕疵，如出现缺失值、重复值、异常值。缺失值会导致样本信息减少，不仅增加了分析的难度，也会导致数据分析的结果产生偏差；数据重复会导致方差减小，使数据分布异常；异常值则会产生"伪回归"等。另外，有些时候需要进行模型分析，数据类型又不支撑，所以进行数据分析之前，还要进行必要的数据清洗和处理。

一、缺失数据处理

现实中往往存在数据的缺失情况，Pandas 能有效地处理缺失值。缺失值有三种类型。字符串类型的缺失值，往往用 None 表示；数值型的缺失值用 np.NaN 表示；而时间类型的，使用 pd.NaT 表示。

方法 df.isna() 和 df.isnull() 可以判断出 None、pd.NaT、np.NaN 这三种类型的缺失值。

```
In[]:    df = pd.DataFrame(np.random.randn(4, 3),
                 index=['a', 'c', 'e', 'f'],
                 columns=['one', 'two', 'three'])
         df = df.reindex(['a','b', 'c', 'd', 'e', 'f'])
         df["Color"] = [None, np.NaN,"red",pd.NaT,"blue", "black"]
         df
```

Out[]:		one	two	three	Color
	a	0.463894	0.651276	0.941115	None
	b	NaN	NaN	NaN	NaN
	c	−0.758815	0.624972	−1.822505	red
	d	NaN	NaN	NaN	NaT
	e	0.826444	0.580131	0.376430	blue
	f	−0.468447	0.963661	0.738987	black

缺失值会被判断为 Ture，非缺失值被判断为 False。

```
In[]:    df.isnull()
```

Out[]:		one	two	three	Color
	a	False	False	False	True
	b	True	True	True	True
	c	False	False	False	False
	d	True	True	True	True
	e	False	False	False	False
	f	False	False	False	False

df.notnull() 得到的结果恰好相反。

```
In[]:    df.notnull()
```

Out[]		one	two	three	Color
	a	True	True	True	False
	b	False	False	False	False
	c	True	True	True	True
	d	False	False	False	False
	e	True	True	True	True
	f	True	True	True	True

如果不是对所有元素进行判断，而是从行或列来判断是否存在缺失值，则采用 df.isnull( ).any(axis)。参数 axis 默认为 0，表示对列进行判断，axis=1，表示对行进行判断。

```
In[]:    df.isnull().any()
Out[]:   one      True
         two      True
         three    True
         Color    True
         dtype:   bool
In[]:    df.isnull().any(axis=1)
Out[]:   a    True
         b    True
         c    False
         d    True
         e    False
         f    False
         dtype: bool
```

判断缺失值后，还可以进行判断后的筛选。

```
In[]:    df["Color"].notnull()
Out[]:   a    False
         b    False
         c    True
         d    False
         e    True
         f    True
         Name: Color, dtype: bool
In[]:    df[df["Color"].notnull()]
Out[]:
```

	one	two	three	Color
c	−0.758815	0.624972	−1.822505	red
e	0.826444	0.580131	0.376430	blue
f	−0.468447	0.963661	0.738987	black

对于数据中的缺失值，可以删除，也可以进行替换，可根据具体的情况来决定。

（1）删除。删除主要针对行或者列进行删除，可调用方法 df.dropna()：

df.dropna (axis=0, how="any", thresh=None, subset=None, inplace=False)

常用参数说明见表 5-4。

表 5-4　dr.dropna( ) 的常用参数说明

参数名称	说明
axis	axis=0 时删除有缺失值的行，axis=1 时删除有缺失值的列
how	how=any 时删除含有缺失值的行或者列，how=all 时删除全为缺失值的行或者列
thresh	行或者列中需要保留至少多少个非空的值，其他行或列删除
subset	在所选取的列中寻找缺失值

```
In[]:    df.dropna()           # 等同于 df.dropna(axis=0)，删掉有空值的行
Out[]:           one        two        three       Color
           c  -0.758815   0.624972   -1.822505     red
           e   0.826444   0.580131    0.376430     blue
           f  -0.468447   0.963661    0.738987     black

In[]:    df.dropna(axis=0,how="all")    # 删掉整行都是空值的行
Out[]:           one        two        three       Color
           a   0.463894   0.651276    0.941115     None
           c  -0.758815   0.624972   -1.822505     red
           e   0.826444   0.580131    0.376430     blue
           f  -0.468447   0.963661    0.738987     black

In[]:    df.dropna(axis=1,thresh=4 )    # 删除后，剩下的列至少含有 4 个非空值
Out[]:           one        two        three
           a   0.463894   0.651276    0.941115
           b      NaN        NaN        NaN
           c  -0.758815   0.624972   -1.822505
           d      NaN        NaN        NaN
           e   0.826444   0.580131    0.376430
           f  -0.468447   0.963661    0.738987
```

（2）替换。替换是指用一个特定的值替换或填充缺失值，常常调用方法 df.fillna( )，其命令为：

df.fillna (value=None, method=None, axis=None, inplace=False, limit=None)

常用参数说明见表 5-5。

表 5-5　df.fillna( ) 的常用参数说明

参数名称	说明
value	替换缺失值的值
method	backfill 或 bfill 使用后一个非缺失值来填充；firstfill 或 ffill 使用前一个非缺失值来填充
axis	替换的方向，axis=0 为行方向，axis=1 为列方向
limit	表示连续填充缺失值的上限数

下面对数据框 df 进行缺失值填充，在行方向上用前一个值填充缺失值。

In[]:	df.fillna(method="ffill",axis=0)			
Out[]:	one	two	three	Color
a	0.463894	0.651276	0.941115	None
b	0.463894	0.651276	0.941115	None
c	−0.758815	0.624972	−1.822505	red
d	−0.758815	0.624972	−1.822505	red
e	0.826444	0.580131	0.376430	blue
f	−0.468447	0.963661	0.738987	black

在行方向上用后一个值填充缺失值，连续填充上限为2。

In[]:	df.fillna(method='bfill',limit=2,axis=0)			
Out[]:	one	two	three	Color
a	0.463894	0.651276	0.941115	red
b	−0.758815	0.624972	−1.822505	red
c	−0.758815	0.624972	−1.822505	red
d	0.826444	0.580131	0.376430	blue
e	0.826444	0.580131	0.376430	blue
f	−0.468447	0.963661	0.738987	black

也可以填充给定常数，如用0进行填充。

In[]:	df.fillna(0)			
Out[]:	one	two	three	Color
a	0.463894	0.651276	0.941115	0
b	0.000000	0.000000	0.000000	0
c	−0.758815	0.624972	−1.822505	red
d	0.000000	0.000000	0.000000	0
e	0.826444	0.580131	0.376430	blue
f	−0.468447	0.963661	0.738987	black

还可以针对不同的列填充指定的值，利用字典来调用df.fillna()。

In[]:	df.fillna({"one":1,"two":2,"three":3,"Color":"white"})			
Out[]:	one	two	three	Color
a	0.463894	0.651276	0.941115	white
b	1.000000	2.000000	3.000000	white
c	−0.758815	0.624972	−1.822505	red
d	1.000000	2.000000	3.000000	white
e	0.826444	0.580131	0.376430	blue
f	−0.468447	0.963661	0.738987	black

当缺失值为数值型时，除了利用零外，还可以用均值、众数、中位数等描述其集中趋势的统计量来代替缺失值；当缺失值为类别型数据时，也可以利用其众数来替换填充。

In[]:	df.fillna(df.mean())			
Out[]:	one	two	three	Color
a	0.463894	0.651276	0.941115	None
b	0.015769	0.705010	0.058507	NaN
c	−0.758815	0.624972	−1.822505	red
d	0.015769	0.705010	0.058507	NaT
e	0.826444	0.580131	0.376430	blue
f	−0.468447	0.963661	0.738987	black

二、重复数据处理

Pandas 能像人们熟知的 Excel 功能一样非常方便地找到重复项的记录，并根据需要进行删除。

1. 检测重复值

可利用 DataFrame.duplicated（subset=None，keep="fisrt"）检测重复值，其参数说明见表 5-6。

表 5-6　DataFrame.duplicated( ) 参数说明

参数名称	说明
subset	接受检测重复的列，默认是检测所有的列，即整行记录
keep	判定重复值。"first"指出现相同值时,除第一个值外,其他值均判定为重复值；"last"指出现相同值时,除最后一个值外,其他值均判定为重复值； "false"指所有出现的相同值都判定为重复值

```
In[]:    data = DataFrame({"k1": ["one"]*3 +["two"]*4,
                "k2":[1,1,2,3,3,4,4],
                "k3":["red"]*4+["yellow"]*3})
         data
Out[]:      k1    k2    k3
         0  one   1     red
         1  one   1     red
         2  one   2     red
         3  two   3     red
         4  two   3     yellow
         5  two   4     yellow
         6  two   4     yellow
```

当参数 keep 设定为 False 时可以看到，索引 0、1、5、6 对应的行因为重复，所以判定为 True。

```
In[]:    data.duplicated(keep=False)
Out[]:   0    True
         1    True
         2    False
```

```
3    False
4    False
5    True
6    True
dtype: bool
```

而当参数 keep 设定为 last 时，可以看到，索引 0 和 5 所对应的行被判定为重复行。

```
In[]:    data.duplicated(keep="last")
Out[]:   0    True
         1    False
         2    False
         3    False
         4    False
         5    True
         6    False
dtype: bool
```

当参数 keep 取默认值"first"时，可以看到，索引 1 和 6 所对应的行为重复行。

```
In[]:    data.duplicated()
Out[]:   0    False
         1    True
         2    False
         3    False
         4    False
         5    False
         6    True
dtype: bool
```

当然，除了对整个记录行进行查重外，也可以对某一列的值进行重复检测。

```
In[]:    data.k1.duplicated()
Out[]:   0    False
         1    True
         2    True
         3    False
         4    True
         5    True
         6    True
Name: k1, dtype: bool
```

也可以针对某几列的记录行进行重复检测。

```
In[]:    data.duplicated(subset=["k1","k2"])
Out[]:   0    False
         1    True
         2    False
```

```
3    False
4    True
5    False
6    True
dtype: bool
```

2. 删除重复值

可直接利用 drop_duplicates( ) 删除重复值，命令为：

DateFrame.drop_duplicates（subset=None, keep="frist", inplace=False）

参数说明见表 5-7。

表 5-7　DataFrame.drop_dupicates( ) 参数说明

参数名称	说明
subset	表示接受要去重的列
keep	表示去重后保留哪一个，"first"表示保留第一个，"last"表示保留最后一个，"false"表示只要有重复都不保留
inplace	表示是否在原表上操作

对 data 的 k1、k2 列进行重复值检测，按默认的"first"判断方法，被判断为 Ture 的索引为 1、4、6 的整行都被删除了。

```
In[]:    data.drop_duplicates(subset=['k1','k2'])
Out[]:      k1    k2    k3
        0   one   1     red
        2   one   2     red
        3   two   3     red
        5   two   4     yellow
```

如果 keep 参数设置为"last"，则判断为 Ture 的 0、3、5 整行都被删除了。

```
In[];    data.drop_duplicates(subset=['k1', 'k2'],keep='last')
Out[]:      k1    k2    k3
        1   one   1     red
        2   one   2     red
        4   two   3     yellow
        6   two   4     yellow
```

三、数据转换处理

数据分析的预处理工作除了要处理缺失数据、重复数据之外，还有可能需要对数据做一些合理的转换，使之符合分析要求。

1. 哑变量处理类别型数据

类别型数据是有分类特征的，如性别、职业、颜色等，与类别型数据相对应的是数值型数据。在数据分析模型中，有相当一部分的算法模型都要求输入数值型数据，对类别型数据没有办法处理，这部分的数据需要经过哑变量处理才可以放入模型中。哑变量为虚拟变量，即人工处理的变量，一般变量值用 0、1 表示。例如性别，用哑变量处理，如图 5-16 所示。

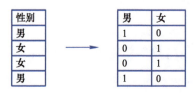

图 5-16 类别型数据变换成哑变量

Pandas 提供了 get_dummies() 函数，可对类别型数据进行哑变量处理。其命令是：

pd.get_dummies(data, prefix=None, prefix_sep='_', dummy_na=False, columns=None, sparse=False, drop_first=False, dtype=None)

其常用参数说明见表 5-8。

表 5-8 get_dummies() 函数的常用参数说明

参数名称	说明
data	表示需要哑变量处理的数据
prefix	表示哑变量量化后列名的前缀，默认为 None
prefix_sep	接收 string，表示前缀的连接符，默认为 "_"
columns	表示 DataFrame 中需要编码的列名，默认为 None，表示对所有 object 和 category 类型进行编码

例如，df 的两列性别和职业均为类别型数据，都有两个分类，分别转换为两个哑变量。

```
In[]:   df= DataFrame({"性别":['男','女','女','男'],
               "职业":['经理','员工','员工','经理'],
               "收入":[1000,2000,3000,4000]})
        df
Out[]:     性别   职业   收入
        0   男    经理   1000
        1   女    员工   2000
        2   女    员工   3000
        3   男    经理   4000
In[]:   pd.get_dummies(df,columns=['性别','职业'])
Out[]:     收入   性别_女  性别_男  职业_员工  职业_经理
        0  1000    0      1      0      1
        1  2000    1      0      1      0
        2  3000    1      0      1      0
        3  4000    0      1      0      1
```

如果一个类型变量下有 n 个不同的值，可以转换 n 个列的哑变量，只含 0、1 的二元特征，这些特征互斥，每次只能激活一次。其实，$n-1$ 个列也能判定所有的取值，因此也可以去掉一列。例如，性别数据可以只有"性别_女"或"性别_男"一列，因为如果是 0，则为女生，1 则为男生，反之亦然。可以通过参数 drop_first=True 来删除一列。

```
In[]:     pd.get_dummies(df,columns=[' 性别 ',' 职业 '],
                         drop_first=True)
Out[]:      收入     性别_男     职业_经理
        0   1000       1           1
        1   2000       0           0
        2   3000       0           0
        3   4000       1           1
```

2．离散化连续型数据

某些模型算法，特别是某些分类算法，要求数据是离散的，就需要将连续型数据变换成离散型数据。连续型数据的离散化就是在数据的取值范围内划分为一些离散化区间，可以用不同的符号代表落在每个子区间中的数据值。常用的离散化方法主要有等宽法和等频法。另外大数据算法的聚类分析法，也可以用来离散化连续型数据。

（1）等宽法。等宽法是指将数据的取值范围分为具有相同宽度的区间，区间里的数值个数由数据本身的特点决定，类似于频率分布。Pandas 提供了 cut( ) 函数，可以进行连续型数据的等宽离散化。其命令是：

pandas.cut(x,bins,right=True,labels=None,retbins=False,precision=3,include_lowest=False,duplicates='raise')

cut( ) 函数的常用参数说明见表 5-9。

表 5-9　cut( ) 函数的常用参数说明

参数名称	说明
x	接收 array 或 Series，代表要进行离散化处理的数据
bins	接收 int、list、array 和 tuple。若为 int，则代表离散化后的类别数目；若为序列类型的数据，则表示进行切分的区间，每两个数的间隔为一个区间。无默认
right	接收 boolean，代表右侧是否为闭区间。默认为 True
labels	接收 list、array，代表离散化后各个类别的名称。默认为空
retbins	接收 boolean，代表是否返回区间标签。默认为 False
precision	接收 int，显示标签的精度。默认为 3

```
In[]:     df = DataFrame({" 大学语文 ":100* np.random.rand(100),
                         " 计算机 ":10*np.random.randn(100)+70})
          df
Out[]:       大学语文      计算机
        0    85.485694    69.520805
        1    50.399988    87.853566
        2    63.880920    75.775264
```

```
3       64.692811      85.796064
4       66.357338      69.985087
        ... ... ...
95      68.969535      56.980531
96      97.731166      68.038462
97      76.969911      78.276230
98       9.254652      67.541359
99      83.109558      69.448234
100 rows × 2 columns`
```

对大学语文这一列按等宽法转换。

```
pd.cut(df[" 大学语文 "],4)
0     (74.573, 99.326]
1     (49.82, 74.573]
2     (49.82, 74.573]
3     (49.82, 74.573]
4     (49.82, 74.573]
            ...
95    (49.82, 74.573]
96    (74.573, 99.326]
97    (74.573, 99.326]
98    (0.215, 25.067]
99    (74.573, 99.326]
Name: 大学语文 , Length: 100, dtype: category
Categories (4, interval[float64]): [(0.215, 25.067] < (25.067, 49.82] < (49.82, 74.573] < (74.573, 99.326]]
```

通过最后一行可以看到，大学语文的取值范围划分成了四个等分的区间。当然也可以自己定义划分的点，并给每个区间取名，区间可以是左开右闭的，也可以是左闭右开的。

```
In[]:    pd.cut(df[" 大学语文 "],bins=[0,60,70,80,100.1],
                right=False,labels=[' 不及格 ',' 及格 ',' 中等 ',' 优秀 '])
Out[]:  0    优秀
        1    不及格
        2    及格
        3    及格
        4    及格
            ...
        95   及格
        96   优秀
        97   中等
        98   不及格
        99   优秀
Name: 大学语文 , Length: 100, dtype: category
Categories (4, object): [ 不及格 < 及格 < 中等 < 优秀 ]
```

（2）等频法。等分法存在区间分布不均匀的情况，即每个区间的数值个数不相等。等频法可让每个区间得到相同数目的数值。

```
In[]:    pd.qcut(df["大学语文"],4)
Out[]:   0     (80.93, 99.326]
         1     (32.165, 57.932]
         2     (57.932, 80.93]
         3     (57.932, 80.93]
         4     (57.932, 80.93]
                   ...
         95    (57.932, 80.93]
         96    (80.93, 99.326]
         97    (57.932, 80.93]
         98    (0.313, 32.165]
         99    (80.93, 99.326]
         Name: 大学语文, Length: 100, dtype: category
         Categories (4, interval[float64]): [(0.313, 32.165] < (32.165, 57.932] < (57.932, 80.93] < (80.93, 99.326]]
```

使用下列语句检测，查看分成的四个区间所包含的数值数目是否相同，每个区间是否有 25 个数值。

```
In[]:    pd.qcut(df["大学语文"],4).value_counts()
Out[]:   (80.93, 99.326]      25
         (57.932, 80.93]      25
         (32.165, 57.932]     25
         (0.313, 32.165]      25
         Name: 大学语文, dtype: int64
```

（3）聚类分析法。一维聚类的方法包括两个步骤。首先将连续型数据用聚类算法（如 K-Means 算法等）进行聚类，然后处理聚类得到的簇，为合并到一个簇的连续型数据做同一种标记。聚类分析的离散化方法需要用户指定簇的个数，用来决定产生的区间数。

下面自定义数据 K-Means 聚类离散化函数。

```
In[]:    def KmeanCut(data,k):
             from sklearn.cluster import KMeans # 引入 K-Means 算法
             kmodel = KMeans(n_clusters=k,n_jobs=4) # 建立模型，n_jobs 是并行数
             kmodel.fit(data.values.reshape(len(data),1)) # 训练模型
             c = pd.DataFrame(kmodel.cluster_centers_).sort_values(0)
             w = c.rolling(2).mean().iloc[1:] # 相邻两项求中点，作为边界值
             w = [0]+list(w[0])+[data.max()] # 把首末边界点加上
             data = pd.cut(data,w)
             return data
```

利用聚类离散化函数来对连续性数据进行转换。

```
In[]:    KmeanCut(df['大学语文'],4)
Out[]:   0     (78.328, 99.326]
         1     (30.724, 56.105]
         2     (56.105, 78.328]
         3     (56.105, 78.328]
         4     (56.105, 78.328]
               ...
         95    (56.105, 78.328]
         96    (78.328, 99.326]
         97    (56.105, 78.328]
         98      (0.0, 30.724]
         99    (78.328, 99.326]
         Name: 大学语文, Length: 100, dtype: category
         Categories (4, interval[float64]): [(0.0, 30.724] < (30.724, 56.105] < (56.105, 78.328] < (78.328, 99.326]]
```

K-Means聚类分析的离散化方法可以很好地根据现有特征的数据分布状况进行聚类，但是由于K-Means算法本身的缺陷，用该方法进行离散化时依旧需要指定离散化后类别的数目。此时需要配合聚类算法评价方法，找出最优的聚类簇数目。

四、异常值的检测与处理

如果某一个观察值不寻常地大于、小于或极端异于该数据集中的其他数据，则称之为异常值。异常值的出现可能是因为输入错误、抽样错误、数据处理错误、测量误差、实验误差、自然异常等原因。异常值的存在，会对随后的计算结果产生不适当的影响，检测异常值并加以适当的处理是十分必要的。

1. 异常值的检测

检测异常值的方法很多，这里介绍三种方法。

（1）简单统计检测。对于连续型变量，可以先用describe()进行描述性统计分析，再通过均值、标准差、四分位数、最大值和最小值进行判断。

例如，df数据有两列，第0列和第1列都是正态分布的模拟点，第1列输入了一个异常值。

```
In[]:    df = DataFrame(np.random.randn(10,2))
         df.iloc[9,1]=20
         df
Out[]:              0          1
         0    -0.468679    0.368642
         1     0.707363   -0.477123
         2     0.198655   -0.412890
         3    -0.116588    1.222007
```

4	0.771721	0.441993
5	0.667380	1.741732
6	0.545916	−1.453747
7	−0.276708	−0.768044
8	1.331693	0.234500
9	1.200012	20.000000

通过统计值可以看出，第 1 列的标准差比第 0 列的标准差要大很多，而且第 0 列的最大值约为 1.33，第 1 列的最大值是 20。通过统计值可以大致看到数据的分布，大致判断 20 为疑似异常值点。

```
In[]:    df.describe()
Out[]:
```

	0	1
count	10.000000	10.000000
mean	0.456076	2.089707
std	0.607545	6.362615
min	−0.468679	−1.453747
25%	−0.037777	−0.461064
50%	0.606648	0.301571
75%	0.755631	1.027004
max	1.331693	20.000000

（2）箱线图检测。利用图 5-17 所示的箱线图中的四分位距（IQR）可对异常值进行检测。四分位距（IQR）就是上四分位与下四分位的差值。超过上下四分位 1.5 倍 IQR 距离的点为离群点，可以判断为疑似异常值。

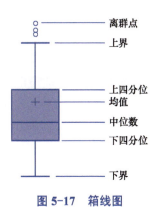

图 5-17　箱线图

```
In[]:    a = df.quantile(0.25)
         b = df.quantile(0.75)
         IQR = abs(b-a)
         d = 1.5*IQR
         df[(df>b+d)|(df<a-d)]
```

Out[]:		0	1
	0	NaN	NaN
	1	NaN	NaN
	2	NaN	NaN
	3	NaN	NaN
	4	NaN	NaN
	5	NaN	NaN
	6	NaN	NaN
	7	NaN	NaN
	8	NaN	NaN
	9	NaN	20.0

（3）3σ原则。如果数据服从正态分布，在3σ原则下（如图5-18所示），数据落入（μ-3σ，μ+3σ）的概率为99.7%，那么距离平均值3σ之外的值出现的概率为0.3%，属于极个别的小概率事件。这样的数被看作疑似异常值。如果数据不服从正态分布，那么也可以用远离平均值的多少倍标准差来定义疑似异常值。

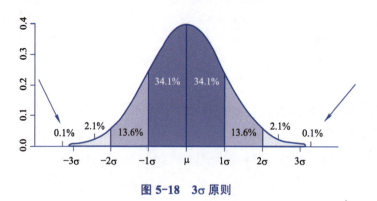

图 5-18　3σ 原则

异常值会影响均值和标准差，计算时应尽量采用已知的均值和标准差，本例采用第0列的均值和标准差计算。第1列的最后一个值被检测出是在均值的3倍标准差之外，可判断为疑似异常值。

In[]:	mean = df.iloc[:,0].mean( )
	Std = df.iloc[:,0].std( )
	abs(df.iloc[:,1]-mean)>3*std

Out[]:	0	False
	1	False
	2	False
	3	False
	4	False
	5	False
	6	False

```
7    False
8    False
9    True
Name: 1, dtype: bool
```

2. 异常值的处理

检测到了异常值,就需要对其进行一定的处理,而一般异常值的处理方法可大致分为以下几种:

(1)删除:直接将含有异常值的记录删除。

(2)视为缺失值:利用缺失值处理的方法进行处理。

(3)修正替换:可以用其他值进行修正替换,例如,在时间序列里可用前后两个观测值的平均值修正并替换该异常值。

(4)不处理:直接在具有异常值的数据集上进行数据挖掘。

在 df 的第 1 列被检查出来的异常值,可以用均值之外的 3 倍标准差来替换。

```
In[]:    newvalue = mean+np.sign(df.iloc[:,1]-mean)*3*std
         df.iloc[:,1][abs(df.iloc[:,1]-mean)>3*std] = newvalue
         df
Out[]:          0           1
       0    -0.468679    0.368642
       1     0.707363   -0.477123
       2     0.198655   -0.412890
       3    -0.116588    1.222007
       4     0.771721    0.441993
       5     0.667380    1.741732
       6     0.545916   -1.366558
       7    -0.276708   -0.768044
       8     1.331693    0.234500
       9     1.200012    2.278711
```

总之,通过一些检测方法,人们可以找到异常值,但所得结果并不是绝对正确的,具体情况还需根据自己对业务的理解加以判断。而对于异常值如何处理,是删除、修正还是不处理,也需结合实际情况考虑,没有固定的处理方式。

Pandas 有三种数据结构,其特征是索引与值的一一对应关系。也正因为索引,使得在算术运算操作中将数据对齐,让人们轻松而方便地操作。Pandas 有强大的 I/O API 函数,可以读取各种数据文件并写入。面对真实的数据世界,数据往往存在缺失值、重复值、异常值,数据的类型有时候也不满足分析和模型的情况,此时 Pandas 可便捷和迅速地清洗和处理。

实　训

实训背景：2022年2月，我国举办了第24届冬季奥林匹克运动会，即2022年北京冬季奥运会。北京，既古老又现代的国际化都市，全球首个"双奥之城"（夏季和冬季奥运会举办城市），再次为世界奉献了一届令人难忘的奥运盛会，再次向世人展现了中国人民积极向上的精神和力量，再次书写了奥林匹克运动新的传奇。这是设项和产生金牌最多的一届冬奥会，给更多冰雪健儿创造了实现梦想的机会。北京冬奥会的圆满成功，兑现了中国对国际社会的庄严承诺，为各国冰雪健儿提供了超越自我的舞台，也为疫情困扰下的世界注入了信心和力量。

实训要求：导入数据文件"运动员和运动分项数据.csv"，该数据文件存在缺失数据、重复数据的情况，要求利用 Jupyter Notebook 导入数据并对数据进行清洗和描述性统计分析。

实训步骤：

第一步：读入数据。

```
In[]:  import pandas as pd
       import numpy as np
       from pandas import Series, DataFrame
       df=pd.read_csv("运动员和运动分项数据.csv")
```

第二步：查看数据，理解数据的内容。

```
In[]:  df.shape              # 数据的形状
Out[]: (2897, 5)
In[]:  df.info()             # 每一列的信息：列名称、数据类型以及数据量
       <class 'pandas.core.frame.DataFrame'>
       RangeIndex: 2897 entries, 0 to 2896
       Data columns (total 5 columns):
        #   Column     Non-Null Count  Dtype
       ---  ------     --------------  -----
        0   运动员姓名    2897 non-null   object
        1   性别        2897 non-null   object
        2   运动分项      2885 non-null   object
        3   运动分项代码   2897 non-null   object
        4   身高        745 non-null    float64
       dtypes: float64(1), object(4)
       memory usage: 113.3+ KB
In[]:  df.head()             # 读取前5行数据
```

其结果如图 5-19 所示。

	运动员姓名	性别	运动分项	运动分项代码	身高
0	AAGAARD Mikkel	Male	Ice Hockey	IHO	1.84
1	AALTO Antti	Male	Ski Jumping	SJP	NaN
2	AALTONEN Miro	Male	Ice Hockey	IHO	1.80
3	ABDELKADER Justin	Male	Ice Hockey	IHO	1.87
4	ABDI Fayik	Male	Alpine Skiing	ALP	NaN

图 5-19　前 5 行数据

第三步：数据清洗。

（1）删除字段。在数据框中，列字段"身高"缺失了 2 152 个值，即缺失了绝大部分的值，应该删掉。

```
In[]:   df.isnull().sum()
Out[]:  运动员姓名        0
        性别            0
        运动分项         12
        运动分项代码       0
        身高         2152
        dtype: int64
In[]:   df.drop(columns=['身高'],inplace=True)
```

（2）处理缺失值。列字段"运动分项"存在 12 个缺失值，与其有着一一对应关系的列字段"运动分项代码"不存在缺失值。用以下命令查看"运动分项"缺失值的位置和对应的"运动分项代码"。

```
In[]:   df.loc[:,["运动分项","运动分项代码"]][df['运动分项'].isnull()]
Out[]:
```

	运动分项	运动分项代码
653	NaN	BTH
765	NaN	FSK
892	NaN	FSK
952	NaN	BTH
1083	NaN	CCS
1126	NaN	FSK
1217	NaN	IHO
1407	NaN	BTH
1712	NaN	BTH
1791	NaN	BTH
2237	NaN	SSK
2498	NaN	CCS

通过索引值可以观察到"运动分项"的缺失值是随机的，所以可用以下办法补充缺失值：首先对列字段"运动分项代码"进行排序，对应的列字段"运动分项"也应是按序排列的，其缺失值自然就可用所在位置的后一个非缺失值来填充，并用命令查看是否正确地补充了缺失值。

```
In[]: df1 = df.sort_values(by='运动分项代码')
      df1['运动分项'] = df1['运动分项'].fillna(method='bfill',axis=0)
In[]: df1= df1.sort_index()
      df1.loc[:,["运动分项","运动分项代码"]][df1['运动分项'].isnull()]
Out[]:
```

	运动分项	运动分项代码
653	Biathlon	BTH
765	Figure Skating	FSK
892	Figure Skating	FSK
952	Biathlon	BTH
1083	Cross-Country Skiing	CCS
1126	Figure Skating	FSK
1217	Ice Hockey	IHO
1407	Biathlon	BTH
1712	Biathlon	BTH
1791	Biathlon	BTH
2237	Speed Skating	SSK
2498	Cross-Country Skiing	CCS

（3）数据替换。观察到列字段"性别"存在不统一的说法（有Female、Male、F、M四种），需要统一描述。通过数据替换，把"M"替换成"Male"，把"F"替换成"Female"。

```
In[]:   df1.loc[:,"性别"].value_counts()
Out[]:  Male      1595
        Female    1290
        M            7
        F            5
        Name: gender, dtype: int64
In[]:   replacement_mapping_dict = {"M": "Male","F": "Female"}
        df1["性别"]=df1["性别"].replace(replacement_mapping_dict)
```

第四步：描述性统计分析。

通过描述性统计分析了解各变量的分布情况，如图5-20所示。

```
In[]:   df1.describe()
Out[]:
```

	运动员姓名	性别	运动分项	运动分项代码
count	2897	2897	2897	2897
unique	2894	2	15	15
top	BENDIKA Baiba	Male	Ice Hockey	IHO
freq	2	1602	547	547

图 5-20　描述性统计分析

通过运动员和运动分项数据描述性统计分析，可得到 2 897 名运动员配额数和 15 种运动分项。从运动员姓名的统计描述看到有重复值，如果要进行性别统计计算，则需要去除重复值，再进行性别统计。

```
In[]:    df1.duplicated(subset=["运动员姓名","性别"]).sum()# 判断重复值
Out[]:   3
In[]:    df2 = df1.loc[:,["运动员姓名","性别"]].drop_duplicates("运动员姓名",keep='first',inplace=False)
In[]:    df2['性别'].value_counts()
Out[]:   Male      1601
         Female    1293
         Name: 性别 , dtype: int64
```

北京冬奥会运动项目小知识：2022 年冬奥会共 7 个大项，分别为滑雪、滑冰、冰球、冰壶、雪车、雪橇、冬季两项；15 个分项，分别为高山滑雪、自由式滑雪、单板滑雪、跳台滑雪、越野滑雪、北欧两项、短道速滑、速度滑冰、花样滑冰、冰球、冰壶、雪车、钢架雪车、雪橇、冬季两项。

北京冬奥会是至今性别最均衡的一届冬奥会，约 45% 为女性运动员，55% 为男性运动员。

练习

1. 通过字典 raw_data 创建数据框并命名为 data，并以"商品名称""单价""销售"的顺序排列，增加一列为"销售额"，其中"销售额"= 单价 × 销量，要求显示每一列的数据类型。

{' 单价 ': [3398, 1599, 4899, 2199],
 ' 商品名称 ': [' 计算机 ',' 手机 ',' 智能电视 ',' 冰箱 '],
 ' 销量 ': [72000, 120000, 40700, 31200]}

2. 利用第 1 题，在 data 中选择计算机和冰箱的销售额，在 data 中选择两行以后和一列以后的值，在 data 里选择单价超过 2000 的所有值，以单价的降序重新排列 data。

3. 读取本地的文本文件 stockdata.csv，设第 1 列为索引，要求查看前 5 行和后

5 行，回答数据文件的行数和列数，打印所有列的列名，并输出索引。选取第 2 列，告知第 2 列里有多少不同值，以及每个值的频数是多少，对所有连续型变量求统计量。

4. 读取学生成绩单数据文件 scoredata.csv，单独再加一列，平均分大于 80 分及以上的为优良，60 分以下的为不合格，60 分及以上到 80 分为合格，并求出优良、不合格、合格所占比例。

5. 读取本地文件 iris.csv，把全是空值的行或列删掉，把部分空值用列的平均值填充。

6. 请对第 5 题的空值处理后的数据进一步清理，判断是否有异常值点。

第六章
高级数据分析类库 Pandas 高级

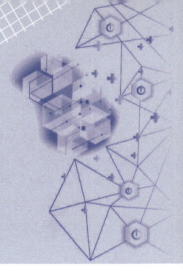

Pandas 为数据分析打开了一道门，门里有更多的高级数据处理功能。读者一旦掌握，那么相对于 Excel 或者 SQL，操作起来就会更加灵活。通过本章的学习，读者更能理解 Pandas 数据结构中索引作用的精妙，并能掌握数据重塑、合并、分组、聚合等操作，以及对日期数据的处理，从而更加深入和便利地进行统计分析。

第一节 层次化索引

层次化索引是 Pandas 的一个强大功能，即在一个轴上有多个（两个以上）索引。通过索引，Pandas 可以方便地以低维度数据结构来存储和操作高维度数据，能轻松地对数据进行重塑和分组。

一、Series 对象层次化索引的组成结构与运用

本章后面的操作都假定已经引入了所需的模块。

```
from pandas import Series, DataFrame
import pandas as pd
import numpy as np
```

1. 列表组成的 Series 对象层次化索引

创建 Series 对象的层次化索引可以由一个列表组成。下面的例子中，index 是列表，创建 Series 对象时将 index 作为索引。

```
In[]:  index =[['A','A','A','B','B','C','C'],
              [' 语文 ',' 数学 ',' 英语 ',' 语文 ',' 数学 ',' 语文 ',' 数学 ']]
       data = Series(np.array([87, 72, 65, 88, 87,99,90]),index=index)
       data
Out[]: A  语文   87
          数学   72
          英语   65
       B  语文   88
          数学   87
```

```
          C    语文    99
               数学    90
          dtype: int32
```

查看 data 的索引，显示的是层次化索引对象（MultiIndex）。

```
In[]:  data.index
Out[]: MultiIndex([('A', ' 语文 '),
                   ('A', ' 数学 '),
                   ('A', ' 英语 '),
                   ('B', ' 语文 '),
                   ('B', ' 数学 '),
                   ('C', ' 语文 '),
                   ('C', ' 数学 ')],
                   )
```

2. 层次化索引应用

层次化索引取值，Series 既可以通过外层索引取值，也可以从内层索引取值。

```
In[]:   data.loc['B']
Out[]:  语文    88
        数学    87
        dtype: int32
In[]:   data.loc[:," 语文 "]
Out[]:  A    87
        B    88
        C    99
        dtype: int32
```

也可以内外索引联合起来取值。

```
In[]:   data.loc["C"," 语文 "]
Out[]:  99
```

选取多个索引时应注意，元组索引是按照横向展开的。

```
In[]:   data.loc[[('A',' 语文 '),('B',' 数学 ')]]  # 元组索引是按照横向展开的
Out[]:  A 语文    87
        B 数学    87
        dtype: int32
```

而列表索引是纵向的。

```
In[]:   data.loc[["A","B"],[" 语文 "," 数学 "]]  # 列表索引是按照纵向展开的
Out[]:  A 语文    87
          数学    72
        B 语文    88
```

```
          数学    87
      dtype: int32
```

对索引进行切片操作。

```
In[]:   data.loc["A":"B"]
Out[]:  A  语文  87
           数学  72
           英语  65
        B  语文  88
           数学  87
        dtype: int32
```

需要注意的是,对于包含中文字符的索引切片,需要先进行索引排序。

```
In[]:   data.sort_index()
Out[]:  A  数学  72
           英语  65
           语文  87
        B  数学  87
           语文  88
        C  数学  90
           语文  99
        dtype: int32
In[]:   data.loc[:," 数学 ":" 英语 "]   # 对于含中文字符的切片,需要先进行索引排序
Out[]:  A  数学  72
           英语  65
        B  数学  87
        C  数学  90
        dtype: int32
In[]:   data.loc["A":"B"," 数学 ":" 英语 "]
Out[]:  A  数学  72
           英语  65
        B  数学  87
        dtype: int32
```

整数索引为位置索引,可无视层次化索引,只需对位置进行取值。

```
In[]:   data.iloc[0:3]
Out[]:  A  数学  72
           英语  65
           语文  87
        dtype: int32
```

层次化索引的作用是可以分层索引,标准索引不能分层取值。在下面的例子中,如果利用索引"A"取值,则会报错,如图6-1所示。

```
In[]:   index = [('A',' 语文 '),('A',' 数学 '),('B',' 语文 '),
                 ('B',' 数学 '),('C',' 语文 '),('C',' 数学 ')]
        data = Series(np.random.randint(0,100,size=6),index=index)
        data
Out[]:  (A, 语文 )    36
        (A, 数学 )    73
        (B, 语文 )    94
        (B, 数学 )    51
        (C, 语文 )    11
        (C, 数学 )    48
        dtype: int32
```

```
data['A']
```

```
TypeError                          Traceback (most recent call last)
~\Anaconda3\lib\site-packages\pandas\core\indexes\base.py in get_value(self, series, key)
   4735            try:
-> 4736                return libindex.get_value_box(s, key)
   4737            except IndexError:

pandas\_libs\index.pyx in pandas._libs.index.get_value_box()
```

图 6-1 标准索引不能分层取值

究其原因,可以看到 data 的索引对象不是层次化索引。

```
In[]:   data.index
Out[]:  Index([('A', ' 语 文 '), ('A', ' 数 学 '), ('B', ' 语 文 '), ('B', ' 数 学 '), ('C', ' 语 文 '),('C', ' 数
        学 ')],dtype='object')
```

3. 显性地构造层次化索引

可利用 pd.MultiIndex.from_tuples 对元组数组显性地构造层次化索引对象。

```
In[]:   index = [('A',' 语文 '),('A',' 数学 '),('B',' 语文 '),
                 ('B',' 数学 '),('C',' 语文 '),('C',' 数学 ')]
        index = pd.MultiIndex.from_tuples(index)
        index
Out[]:  MultiIndex([('A', ' 语文 '),
                    ('A', ' 数学 '),
                    ('B', ' 语文 '),
                    ('B', ' 数学 '),
                    ('C', ' 语文 '),
                    ('C', ' 数学 ')],
                   )
```

```
In[]:    Series(np.random.randint(0,100,size=6),index=index)
Out[]:  A  数学   55
           语文   66
        B  数学   16
           语文   59
        C  数学   32
           语文   86
        dtype: int32
```

用 pd.MultiIndex.from_product 交叉迭代器可显性地构造层次化索引。

```
In[]:    index=[['A', 'B', 'C'], [' 数学 ', ' 语文 ']]
         index=pd.MultiIndex.from_product(index)
         index
Out[]:  MultiIndex([('A', ' 数学 '),
                    ('A', ' 语文 '),
                    ('B', ' 数学 '),
                    ('B', ' 语文 '),
                    ('C', ' 数学 '),
                    ('C', ' 语文 ')],
                   )
In[]:    Series(np.random.randint(0,100,size=6),index=index)
Out[]:  A  数学   55
           语文   66
        B  数学   16
           语文   59
        C  数学   32
           语文   86
        dtype: int32
```

二、DataFrame 对象层次化索引的组成结构与运用

对于 DataFrame，无论是行索引还是列索引，都可以有层次化索引。下面分别显性构造 DataFrame 的行、列层次化索引。

```
In[]:    columns = pd.MultiIndex.from_product([[" 第一学期 "," 第二学期 "],
                                               [" 期中 "," 期末 "]])
         index = pd.MultiIndex.from_product([['a','b','c'],[" 数学 "," 语文 "]])
         data = np.array([[67,35,72,45],[72,72,56,83],[89,79,64,75],
                          [64,96,86,68],[85,89,94,88],[88,89,97,96]])
         df = DataFrame(data,index=index,columns=columns)
         df
```

```
Out[]:              第一学期           第二学期
                 期中    期末    期中    期末
        a   数学   67    35    72    45
            语文   72    72    56    83
        b   数学   89    79    64    75
            语文   64    96    86    68
        c   数学   85    89    94    88
            语文   88    89    97    96
```

给层次化行、列索引各层级命名。

```
In[]:  df.index.names = ['学生','科目']
       df.columns.names = ['学期','时点']
       df
Out[]:  学期          第一学期           第二学期
        时点         期中    期末    期中    期末
        学生  科目
        a   数学    67    35    72    45
            语文    72    72    56    83
        b   数学    89    79    64    75
            语文    64    96    86    68
        c   数学    85    89    94    88
            语文    88    89    97    96
```

用 df.loc（axis=0）对行索引操作，方法同 Series 对象的层次化索引操作。

```
In[]:  df.loc(axis=0)['b':'c','数学']
Out[]:  学期          第一学期           第二学期
        时点         期中    期末    期中    期末
        学生  科目
        b   数学    89    79    64    75
        c   数学    85    89    94    88
```

用 df.loc（axis=1）对列索引操作，方法同 Series 对象的层次化索引操作。

```
In[]:  df.loc(axis=1)[:,"期末"]
Out[]:  学期        第一学期    第二学期
        时点         期末       期末
        学生  科目
        a   数学    35        45
            语文    72        83
        b   数学    79        75
            语文    96        68
        c   数学    89        88
            语文    89        96
```

对行索引和列索引的混合操作，都从外层开始。

In[]: df.loc["a"," 第一学期 "]
Out[]:
时点	期中	期末
科目		
数学	67	35
语文	72	72

利用元组数组进行索引。

In[]: df.loc[("a",' 数学 '),(" 第二学期 "," 期末 ")]
Out[]: 45

利用列表数组进行索引。

In[]: df.loc[["a",'b'],(" 第二学期 "," 期末 ")]
Out[]:
学生	科目	
a	数学	45
	语文	83
b	数学	75
	语文	68

Name: (第二学期 , 期末), dtype: int32

需要注意，如果外层不先进行索引选取，则可以用 sliec（None）表示。

In[]: df.loc["a",(slice(None)," 期末 ")]
Out[]:
学期	第一学期	第二学期
时点	期末	期末
科目		
数学	35	45
语文	72	83

三、重塑层次化索引

重塑是指对表格型数据进行重新排列。其主要操作有：stack，将数据的列"旋转"为行，也就是将二维表转换为一维表（对层次化索引的默认操作是最内层索引）；unstack，将数据的行"旋转"为列，也就是将一维表转换为二维表（对层次化索引的默认操作是最内层索引）。

例如前面介绍的 Series 对象 data，将最内层的行索引"旋转"为列。

In[]: index = [['A','A','A','B','B','C','C'],
              [' 语文 ',' 数学 ',' 英语 ',' 语文 ',' 数学 ',' 语文 ',' 数学 ']]
       data = Series(np.array([87, 72, 65, 88, 87,99,90]),
                          index=index)
       data

```
Out[]: A  语文    87
       数学    72
       英语    65
    B  语文    88
       数学    87
    C  语文    99
       数学    90
dtype: int32
In[]: data.unstack()
Out[]:     数学    英语    语文
    A    72.0   65.0   87.0
    B    87.0   NaN    88.0
    C    90.0   NaN    99.0
```

进行 unstack 操作后，不是所有的级别值都能找得到对应的，unstack 操作可能会引入缺失数据。stack 是 unstack 的逆运算，即把列转成行，stack 默认会滤除缺失数据。如果同时进行 unstack 和 stack，那么数据会恢复到原样。

```
In[]:   data.unstack().stack()
Out[]: A  数学    72.0
       英语    65.0
       语文    87.0
    B  数学    87.0
       语文    88.0
    C  数学    90.0
       语文    99.0
dtype: float64
```

默认情况下，unstack 和 stack 操作的是内层，但传入分层级别的编号或名称后即可对其他级别进行操作。例如传入 level=0，实际上是对最外层操作。

```
In[]:  data.unstack(0)
Out[]:       A      B      C
    数学    72.0   87.0   90.0
    英语    65.0   NaN    NaN
    语文    87.0   88.0   99.0
```

DataFrame 的重塑层次化索引，行列转换也同 Series 一致。例如之前介绍的 df，对 df 进行重塑，将列转行，注意默认是最内层。

```
In[]:   df.stack()
Out[]:              学期      第一学期        第二学期
       学生  科目   时点
        a   数学    期中         67          72
                  期末         35          45
```

		语文	期中	72	56
			期末	72	83
	b	数学	期中	89	64
			期末	79	75
		语文	期中	64	86
			期末	96	68
	c	数学	期中	85	94
			期末	89	88
		语文	期中	88	97
			期末	89	96

要把"学期"列转成行，应改变默认值。

```
In[]:  df.stack(0)
Out[]:
```

学生	科目	时点 学期	期中	期末
a	数学	第一学期	67	35
		第二学期	72	45
	语文	第一学期	72	72
		第二学期	56	83
b	数学	第一学期	89	79
		第二学期	64	75
	语文	第一学期	64	96
		第二学期	86	68
c	数学	第一学期	85	89
		第二学期	94	88
	语文	第一学期	88	89
		第二学期	97	96

把"学期"列和"时点"列转成行，把"科目"行转成列。

```
In[]:  df.stack(0).stack().unstack(1)
Out[]:
```

学生	学期	科目 时点	数学	语文
a	第一学期	期中	67	72
		期末	35	72
	第二学期	期中	72	56
		期末	45	83
b	第一学期	期中	89	64
		期末	79	96
	第二学期	期中	64	86
		期末	75	68
c	第一学期	期中	85	88
		期末	89	89

| | | 第二学期 | 期中 | 94 | 97 |
| | | | 期末 | 88 | 96 |

而如果要将所有行和所有列交换,则可以直接用 df.T。

In[]: df.T

Out[]:
学期	时点	学生	a		b		c	
		科目	数学	语文	数学	语文	数学	语文
第一学期	期中		67	72	89	64	85	88
	期末		35	72	79	96	89	89
第二学期	期中		72	56	64	86	94	97
	期末		45	83	75	68	88	96

四、重新分级顺序

方法 swaplevel( ) 可重新调整某个轴的级别顺序,swaplevel( ) 接收两个级别的编号或者名称,并返回一个互换了级别的新对象。参数 axis=1 表示列轴上的两个层级索引互换。在下例中,"学期"本来是第 0 级索引,交换后为第 1 级索引。

In[]: df.swaplevel(0,1,axis=1)

Out[]:
	时点	期中	期末	期中	期末
	学期	第一学期	第一学期	第二学期	第二学期
学生	科目				
a	数学	67	35	72	45
	语文	72	72	56	83
b	数学	89	79	64	75
	语文	64	96	86	68
c	数学	85	89	94	88
	语文	88	89	97	96

参数 axis=0 表示在行轴上互换索引。

In[]: df1=df.swaplevel(0,1,axis=0)
     df1

Out[]:
	学期		第一学期		第二学期	
	时点		期中	期末	期中	期末
科目	学生					
数学	a		67	35	72	45
语文	a		72	72	56	83
数学	b		89	79	64	75
语文	b		64	96	86	68
数学	c		85	89	94	88
语文	c		88	89	97	96

对索引排序，可利用前面提到的方法 sort_index( )，参数可以选择对哪一级的索引排序。

```
In[]:   df1.sort_index(level=0)
```
Out[]:

科目	学生	学期 第一学期 期中	期末	第二学期 期中	期末
数学	a	67	35	72	45
	b	89	79	64	75
	c	85	89	94	88
语文	a	72	72	56	83
	b	64	96	86	68
	c	88	89	97	96

方法 reset_index( ) 可以把索引变成列。

```
In[]:   df1=df.stack().stack().reset_index()
        df1.columns=[' 学生 ',' 科目 ',' 时点 ',' 学期 ',' 分数 ']
        df1
```
Out[]:

	学生	科目	时点	学期	分数
0	a	数学	期中	第一学期	67
1	a	数学	期中	第二学期	72
2	a	数学	期末	第一学期	35
3	a	数学	期末	第二学期	45
4	a	语文	期中	第一学期	72

而为了能够利用层次化索引，又可以用 set_index( ) 把列变成索引。

```
In[]:   df2=df1.set_index(keys=[' 学生 ',' 科目 ',' 时点 ',' 学期 '])
        df2.head()
```
Out[]:

学生	科目	时点	学期	分数
a	数学	期中	第一学期	67
			第二学期	72
		期末	第一学期	35
			第二学期	45
	语文	期中	第一学期	72

五、根据层次化索引级别进行统计分析

有了层次化索引，描述性汇总统计就可以在任意轴的各级别上进行。比如数据框 df，在默认的轴 axis=0 的第 0 级求和，可以求得每个学生在各学期各时点的学科总分。

In[]:   df.head()

学期		第一学期		第二学期	
时点		期中	期末	期中	期末
学生	科目				
a	数学	67	35	72	45
	语文	72	72	56	83
b	数学	89	79	64	75
	语文	64	96	86	68
c	数学	85	89	94	88

In[]:   df.sum(level=0)

学期	第一学期		第二学期	
时点	期中	期末	期中	期末
学生				
a	139	107	128	128
b	153	175	150	143
c	173	178	191	184

对 axis=0 的第 1 级求平均，可以求得每门学科在各学期各时点的平均分。

In[]:   df.mean(level=1)

学期	第一学期		第二学期	
时点	期中	期末	期中	期末
科目				
数学	80.333333	67.666667	76.666667	69.333333
语文	74.666667	85.666667	79.666667	82.333333

对 axis=1 的第 0 级求平均，可以得到每个学生每门科目在各学期的平均分。

In[]:   df.mean(level=0,axis=1)

学期		第一学期	第二学期
学生	科目		
a	数学	51.0	58.5
	语文	72.0	69.5
b	数学	84.0	69.5
	语文	80.0	77.0
c	数学	87.0	91.0
	语文	88.5	96.5

第二节　数据集合并

分析一个业务的时候往往涉及很多不同的数据，比如企业融资信息、投资机构信息、行业标签、招聘数据、政策数据等，这些数据分别存储在不同的表中，但又有联系，需要将这些表中需要的数据信息合并在一张表中供分析使用，这就是数据集的合并。合并方式有数据库风格的数据集合并、轴向连接数据集合并、其他数据集合并等。

一、数据库风格的数据集合并

数据库风格的数据集合并是通过 merge 或者 join 进行的，对键里面相同的元素进行配对，从而将不同 DataFrame 中的行连接起来。

如图 6-2 所示，df1 和 df2 通过键 "key" 对行进行配对，将数据合并起来。

key	num1		key	num2		key	num2	num2
a	0.655798	→	a	−0.994007	→	a	0.655798	−0.994007
b	1.664277	→	b	−0.652902	→	b	1.664277	−0.652902
c	−0.652946	→	c	−0.603277	→	c	−0.652946	−0.603277
d	0.383128	→	d	0.257691	→	d	0.383128	0.257691

图 6-2　对应键的配对

```
In[]:   df1 = DataFrame({'key':('a','b','c','d'),'num1':(np.random.randn(4))})
        df1
Out[]:      key         num1
        0   a           0.655798
        1   b           1.664277
        2   c           −0.652946
        3   d           0.383128
In[]:   df2 = DataFrame({'key':('a','b','c','d'),'num2':(np.random.randn(4))})
        df2
Out[]:      key         num2
        0   a           −0.994007
        1   b           −0.652902
        2   c           −0.603277
        3   d           0.257691
In[]:   pd.merge(df1,df2,on='key')   # 配对键为 "key"
Out[]:      key         num1            num2
        0   a           0.655798        −0.994007
        1   b           1.664277        −0.652902
        2   c           −0.652946       −0.603277
        3   d           0.383128        0.257691
```

1. 多对多的配对

如果配对的元素在表中重复出现多次，就会存在一对多、多对一、多对多的情况。这时采用笛卡尔积的对应规则。多对多的配对如图 6-3 所示，df3 的元素 3 个 "a" 和 df4 的 2 个 "a"，共 6 个对应的行。df3 的元素 2 个 "b" 和 df4 的 1 个 "b"，共 2 个对应的行。

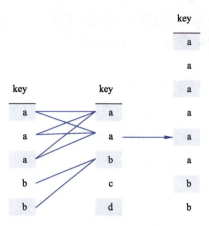

图 6-3 多对多的配对

```
In[]:   df3=DataFrame({'key':('a','a','a','b','b'),
                       'num3':(np.random.randn(5))})
        df3
Out[]:      key         num3
        0   a           0.346672
        1   a           1.572507
        2   a           −0.060125
        3   b           1.003862
        4   b           0.264949
In[]:   df4 = DataFrame({'key':('a','a','b','c','d'),
                         'num4':(np.random.randn(5))})
        df4
Out[]:      key         num4
        0   a           1.241935
        1   a           0.491218
        2   b           −0.202821
        3   c           −0.565841
        4   d           −1.344815
In[]:   pd.merge(df3,df4,on='key')
Out[]:      key         num3         num4
        0   a           0.346672     1.241935
        1   a           0.346672     0.491218
        2   a           1.572507     1.241935
        3   a           1.572507     0.491218
        4   a           −0.060125    1.241935
        5   a           −0.060125    0.491218
        6   b           1.003862     −0.202821
        7   b           0.264949     −0.202821
```

2. 内连接、左连接、右连接、外连接

连接的方式有内连接、左连接、右连接、外连接，而默认的连接方式是内连接。内连接是用两个键共同的元素进行连接的。如图 6-4 所示，df1 和 df5 的连接键 "key" 只有相同的元素 a、b，所以合并后 "key" 键下面的元素只有 a、b。定义连接方式使用参数 how。

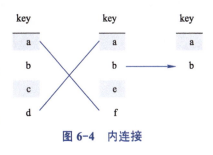

图 6-4　内连接

```
In[]:    df5 = DataFrame({'key':('a','b','e','f'),
                         'num5':(np.random.randn(4))})
         df5
Out[]:      key         num5
         0   a         −0.118997
         1   b         −1.540697
         2   e         −0.274271
         3   f         −0.154367
In[]:    pd.merge(df1,df5,how='inner')
Out[]:      key         num1          num5
         0   a         0.655798      −0.118997
         1   b         1.664277      −1.540697
```

对于左连接，可使用参数 how="left"。如图 6-5 所示，左边数据框连接键下面的元素无论与右边数据框连接键的元素有没有配对，合并后都留下，若连接后没有对应值则用空值表示。

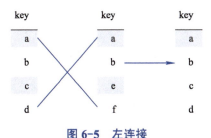

图 6-5　左连接

```
In[]:    pd.merge(df1,df5,how='left')
Out[]:      key         num1          num5
         0   a         0.655798      −0.118997
         1   b         1.664277      −1.540697
         2   c         −0.652946     NaN
         3   d         0.383128      NaN
```

对于右连接，可使用参数 how="right"。如图 6-6 所示，右边数据框连接键下面的元素无论与左边数据框连接键的元素有没有配对，合并后都留下，若连接后没有对应

值则用空值表示。

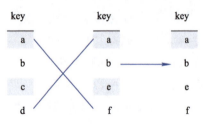

图 6-6 右连接

```
In[]:   pd.merge(df1,df5,how='right')
Out[]:
```

	key	num1	num5
0	a	0.655798	−0.118997
1	b	1.664277	−1.540697
2	e	NaN	−0.274271
3	f	NaN	−0.154367

对于外连接，可使用参数 how="outer"。如图 6-7 所示，无论与左右两边数据框连接键的元素有没有配对，合并后都留下，若连接后没有对应值则用空值表示。

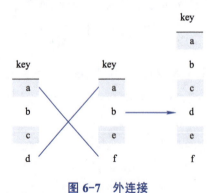

图 6-7 外连接

```
In[]:   pd.merge(df1,df5,how='outer')
Out[]:
```

	key	num1	num5
0	a	0.655798	−0.118997
1	b	1.664277	−1.540697
2	c	−0.652946	NaN
3	d	0.383128	NaN
4	e	NaN	−0.274271
5	f	NaN	−0.154367

对于连接的两个 DataFrame 中重复列名的处理，可用 suffixes 选项指定附加到重复列名的字符串上。例如，df6 与 df7 分别按照 num1 和 num2 键连接，相同的列名 key 被加上了后缀。

```
In[]:   df6 = DataFrame({'key': ['a','a','b','d'],
                         'num1': ['one','two','one','two'],
                         'color': np.random.randn(4),
                         'weight': np.random.randn(4)})
        df6
```

Out[]:

	key	num1	color	weight
0	a	one	−0.747606	0.258600
1	a	two	−0.075086	1.356313
2	b	one	−0.579438	−0.574874
3	d	two	0.003305	0.289486

```
In[]:   df7 = DataFrame({'key': ['b','b','a','c'],
                         'num2': ['one','two','three','two'],
                         'height':np.random.randn(4),
                         'length':np.random.randn(4)})
        df7
```

Out[]:

	key	num2	height	length
0	b	one	1.507728	1.325917
1	b	two	0.004113	−0.309184
2	a	three	0.645578	−2.817580
3	c	two	1.237118	−0.910495

```
In[]:   pd.merge(df6,df7,left_on='num1',right_on='num2',
                 suffixes=('_df6','_df7'))
```

Out[]:

	key_df6	num1	color	weight	key_df7	num2	height	length
0	a	one	−0.747606	0.258600	b	one	1.507728	1.325917
1	b	one	−0.579438	−0.574874	b	one	1.507728	1.325917
2	a	two	−0.075086	1.356313	b	two	0.004113	−0.309184
3	a	two	−0.075086	1.356313	c	two	1.237118	−0.910495
4	d	two	0.003305	0.289486	b	two	0.004113	−0.309184
5	d	two	0.003305	0.289486	c	two	1.237118	−0.910495

索引也可以作为连接键。可以传入 left_index=True 或者 right_index=True，以说明索引作为连接键。例如，df3 与 df7 的连接键分别是索引和列。

```
In[]:   df3 = df6.set_index(['key','num1'])
        df3
```

Out[]:

key	num1	color	weight
a	one	−0.747606	0.258600
	two	−0.075086	1.356313
b	one	−0.579438	−0.574874
d	two	0.003305	0.289486

```
In[]:   df7
```

```
Out[]:       key      num2      height     length
        0     b        one       1.507728   1.325917
        1     b        two       0.004113  -0.309184
        2     a        three     0.645578  -2.817580
        3     c        two       1.237118  -0.910495
In[]:  pd.merge(df3,df7,left_index=True, right_on=['key','num2'])
Out[]:
              color    weight    key   num2    height    length
        0    -0.579438 -0.574874  b    one     1.507728  1.325917
```

merge()函数的基本语法是：

pd.merge（left, right, how='inner', on=None, left_on=None, right_on=None, left_index=False, right_index=False, sort=False, suffixes=（'_x', '_y'）, copy=True, indicator=False, validate=None）

部分参数说明见表6-1。

表6-1　pd.merge()的部分参数说明

参数	说明
Left、right	分别表示需要匹配的左表和右表，可接收的数据类型为 DataFrame
how	表示左右表的连接方式，默认为 inner，可接收的取值为 left、right、inner、outer
on	表示左右表的连接主键，两个表的主键名称一致时才可以使用 on 参数，不一致时需使用 left_on、right_on 参数，on 参数默认为 None，可接收的数据类型为 str 或 sequence
left_on、right_on	分别表示左表和右表的连接主键，默认为 None，可接收的数据类型为 str 或 sequence
sort	表示是否对合并后的数据进行排序，默认为 False，可接收的数据类型为 boolean

3. join 连接

除了使用merge()进行行配对连接外，还可以用join()连接。join()函数的基本语法是：

data1.join（data2, on=None, how='inner', lsuffix='', rsuffix='', sort=False）

join()函数与merge()函数的不同之处在于，join()函数要求两个主键的名称必须相同。

```
In[]:  df11 = df1.set_index('key')
       df11
Out[]:         num1
       key
       a       0.655798
       b       1.664277
       c      -0.652946
       d       0.383128
In[]:  df22 = df2.set_index('key')
       df22
```

Out[]:		num2
key		
a		−0.994007
b		−0.652902
c		−0.603277
d		0.257691

In[]: df11.join(df22)

Out[]:	num1	num2
key		
a	0.655798	−0.994007
b	1.664277	−0.652902
c	−0.652946	−0.603277
d	0.383128	0.257691

二、轴向连接数据集合并

轴向连接（Concatenation）也叫堆叠，是指依据行、列索引来进行表的拼接，可分为横向堆叠和纵向堆叠，可应用于没有重叠的索引 Series 和 DataFrame 的连接。函数 concat( ) 的基本语法是：

```
pd.concat(objs, axis=0, join='outer',join_axes=None, ignore_index=False,
         keys=None, levels=None, names=None, verify_integrity=False,copy=True)
```

1. 纵向堆叠

纵向堆叠是指将后一个表的数据堆叠到前一个表的下几行，是默认在 axis=0 上的连接，形成新的 Series 或 DataFrame。下面为 Series 的纵向堆叠。

```
In[]:   s1 = Series([0,1],index=['a','b'])
        s2 = Series([2,3,4],index=['c','d','e'])
        s3 = Series([5,6],index=['f','g'])
In[]:   pd.concat([s1,s2,s3])
Out[]:  a    0
        b    1
        c    2
        d    3
        e    4
        f    5
        g    6
        dtype: int64
```

下面为 DataFrame 的纵向堆叠。

```
In[]:   df33 = DataFrame({"B":np.random.randn(4)},index=['a','d','b','c'])
        df33
Out[]:              B
        a      −0.277417
        d      −0.316352
        b      −0.684153
        c      −1.244111
In[]:   df44 = DataFrame(np.random.randn(5),
                         index=['a','b','c','e','f'],columns=['A'])
        df44
Out[]:              A
        a      −1.349615
        b       2.236638
        c      −0.039894
        e      −0.991423
        f      −1.643944
In[]:   pd.concat([df33,df44],sort=False)
Out[]:              B              A
        a      −0.277417          NaN
        d      −0.316352          NaN
        b      −0.684153          NaN
        c      −1.244111          NaN
        a         NaN         −1.349615
        b         NaN          2.236638
        c         NaN         −0.039894
        e         NaN         −0.991423
        f         NaN         −1.643944
```

其参数 sort 可设置非连接轴向排列是否按顺序排列，默认是 sort=False。

```
In[]:   pd.concat([df33,df44],sort=True)
Out[]:              A              B
        a         NaN         −0.277417
        d         NaN         −0.316352
        b         NaN         −0.684153
        c         NaN         −1.244111
        a      −1.349615         NaN
        b       2.236638         NaN
        c      −0.039894         NaN
        e      −0.991423         NaN
        f      −1.643944         NaN
```

可以在连接轴上创建一个层次化索引。

```
In[]:   pd.concat([df33,df44],sort=True,keys=['one','two'])
Out[]:                    A            B
        one    a        NaN        −0.277417
               d        NaN        −0.316352
               b        NaN        −0.684153
               c        NaN        −1.244111
        two    a      −1.349615      NaN
               b       2.236638      NaN
               c      −0.039894      NaN
               e      −0.991423      NaN
               f      −1.643944      NaN
```

2. 横向堆叠

横向堆叠就是指将后一个表的数据堆叠到前一个表的后几列，使用参数 axis=1。

```
In[]:   pd.concat([df33,df44],sort=True,axis=1)
Out[]:               B              A
        a        −0.277417      −1.349615
        b        −0.684153       2.236638
        c        −1.244111      −0.039894
        d        −0.316352        NaN
        e          NaN          −0.991423
        f          NaN          −1.643944
```

对于 pd.concat() 函数里面的参数 join，join="inner" 时表示连接后做交集，join="outer" 表示连接后做并集，默认情况是并集。

```
In[]:   pd.concat([df33,df44],sort=True,axis=1,join="inner")
Out[]:               B              A
        a        −0.277417      −1.349615
        b        −0.684153       2.236638
        c        −1.244111      −0.039894
```

三、其他数据集合并

当一份数据被存储在两张表中时，单看两张表，哪一张的数据都不算全，但是如果将其中一个表的数据补充进另外一个表中，则生成的这张新表是相对完整的数据。这种方法就叫重叠合并，Pandas 库中提供了 combine_first() 方法来实现这一功能。

```
In[]:   df1 = DataFrame({ "A": [1,np.nan,5,np.nan],
                          "B": [np.nan,2,np.nan,6],
                          "C": range(2,18,4)})
        df1
Out[]:          A              B              C
        0       1.0            NaN            2
        1       NaN            2.0            6
        2       5.0            NaN            10
        3       NaN            6.0            14
In[]:   df2 = DataFrame({"A":[5,4,np.nan,3,7],"B":[np.nan,3,4,6,8]})
        df2
Out[]:          A              B
        0       5.0            NaN
        1       4.0            3.0
        2       NaN            4.0
        3       3.0            6.0
        4       7.0            8.0
In[]:   df1.combine_first(df2)
Out[]:          A              B              C
        0       1.0            NaN            2.0
        1       4.0            2.0            6.0
        2       5.0            4.0            10.0
        3       3.0            6.0            14.0
        4       7.0            8.0            NaN
```

第三节　日期时间数据的处理

不管在哪个领域，日期时间数据都是非常重要的。Pandas 提供了一组标准的处理工具和数据算法，能够高效地处理日期时间数据，轻松地切片、聚合等。

一、字符串时间转换为标准时间

Python 的时间类型有三类：时间戳（timestamp）是指特定的时刻，即时间点，如 2022 年 3 月 10 日 11:52；固定时期（period）是指具体的一段时间，如 2022 年 1 月或者 2022 年全年；时间间隔（interval），由起始时间戳和结束时间戳表示。period 可以看作 interval 的特例。

1. 字符串转换为 datetime

Python 的模块 datetime 是 Python 处理日期和时间的标准库。该模块中的 datetime 对象是 timestamp 类型，表示的是精准的标准时间，包含年、月、日、小时、分钟、秒、微秒。模块中的 timedelta 对象是 interval 类型，表示时间间隔。

一般在使用前先导入模块。

```
from datetime import datetime
from datetime import timedelta
```

函数 datetime.now( ) 返回当前日期和时间。

In[]:　datetime.now( )
Out[]:　datetime.datetime(2022, 3, 28, 12, 55, 21, 211021)

可对日期进行加减计算，下面例子中，3 月 17 日加上间隔的 12 天所得到时间是 3 月 29 日。

In[]:　start = datetime(2022,3,17)
　　　start + timedelta(days=12)
Out[]:　datetime.datetime(2022, 3, 29, 0, 0)

如果字符串转换成 datetime，则需要用 datetime.strptime( )。

In[]:　value = "2022-03-17"
　　　vtime = datetime.strptime(value,'%Y-%m-%d')
　　　vtime
Out[]:　datetime.datetime(2022, 3, 17, 0, 0)

使用 strftime( ) 可将 datetime 转换成给定格式的字符串，具体格式定义见表 6-2。

In[]:　vtime.strftime('%d-%m-%Y')
Out[]:　'17-03-2022'

表 6-2　datetime 的格式定义

代码	说明
%Y	4 位数的年
%y	2 位数的年
%m	2 位数的月
%d	2 位数的日
%H	24 小时制的小时
%I	12 小时制的小时
%M	分
%S	秒

2. 字符串对象转换成时间对象

如果是一组字符串，则可以用 pd.to_datetime( ) 函数将这组字符串对象转换为时间对象，得到由 timestamp 时间戳组成的数据结构。其命令是：

    pd.to_datetime(arg, errors ='raise', utc = None, format = None, unit = None)

得到的结果，其数据类型是 DatetimeIndex，表示一组由时间戳构成的索引，可以用来作为 Series 或者 DataFrame 的索引。

```
In[]:    pd.to_datetime(['2022-2-1','2022-2-2'])
Out[]:   DatetimeIndex(['2022-02-01','2022-02-02'],dtype='datetime64[ns]', freq=None)
```

pd.to_datetime() 可以处理那些被认为是缺失值的值（None、空字符串）。

```
In[]:    pd.to_datetime(['2022-03-01',"2022-03-2", "" ])
Out[]:   DatetimeIndex(['2022-03-01', '2022-03-02', 'NaT'], dtype='datetime64[ns]', freq=None)
```

缺失值被标记为 NaT，pd.to_datetime() 里面有参数 errors，默认是 raise。如果设置成 coerce，则可以将不能解析的或无效解析的内容标记成 NaT。

```
In[]:    pd.to_datetime(['2022-03-01',"2022-03-23",
                         "29-03-2022","30"],
                        format="%Y-%m-%d", errors='coerce')
Out[]:   DatetimeIndex(['2022-03-01', '2022-03-23', 'NaT', 'NaT'],
                       dtype='datetime64[ns]', freq=None)
```

pd.to_datetime() 新增加的功能是将含有 year、month、day 的数据框转换成时间对象。

```
In[]:    df = pd.DataFrame({'year': [2021, 2022],
                            'month': [11, 3],
                            'day': [4, 5]})
         df
Out[]:      year      month      day
         0  2021      11         4
         1  2022      3          5
In[]:    pd.to_datetime(df)
Out[]:   0   2021-11-04
         1   2022-03-05
dtype: datetime64[ns]
```

3. 字符串对象转换成时间索引对象

用 pd.DatetimeIndex() 也可以将字符串对象转换为时间对象，与使用 pd.to_datetime() 转换的效果是一样的。

```
In[]:    pd.DatetimeIndex(['2022-2-1','2022-2-2'])
Out[]:   DatetimeIndex(['2022-02-01', '2022-02-02'],
                       dtype='datetime64[ns]', freq=None)
```

读入数据文件 datedata.csv，通过 df.info() 查看 date 这一列的数据类型是 object。

In[]:	df=pd.read_csv('datedata.csv')
	print(df)
	print(df.info())

Out[]:
	date	open	close	high	low	volume	code
0	2022/3/18	3.905	3.886	3.943	3.867	171180.67	600001
1	2022/3/19	3.886	3.924	3.981	3.867	276799.39	600001
2	2022/3/20	3.934	3.934	3.962	3.809	265653.85	600001

```
<class 'pandas.core.frame.DataFrame'>
RangeIndex: 3 entries, 0 to 2
Data columns (total 7 columns):
date     3 non-null object
open     3 non-null float64
close    3 non-null float64
high     3 non-null float64
low      3 non-null float64
volume   3 non-null float64
code     3 non-null int64
dtypes: float64(5), int64(1), object(1)
memory usage: 296.0+ bytes
None
```

可以使用函数 pd.to_datetime() 和 pd.DatetimeIndex() 将字符串对象转换成时间类型。pd.DatetimeIndex() 与 pd.to_datetime() 不一样的是，可以同时把数据设置为索引。

In[]:	pd.to_datetime(df['date'])
Out[]:	0 2022-03-18
	1 2022-03-19
	2 2022-03-20
	Name: date, dtype: datetime64[ns]
In[]:	pd.DatetimeIndex(df['date'])
Out[]:	DatetimeIndex(['2022-03-18', '2022-03-19', '2022-03-20'],
	dtype='datetime64[ns]', name='date', freq=None)

为将数据框 df 的索引转换成时间类型，可把转换成时间类型的列"date"设置为索引。

In[]:	df['date'] = pd.to_datetime(df['date'])
	df1 = df.set_index('date',inplace=False)
	df1

Out[]:
date	open	close	high	low	volume	code
2022-03-18	3.905	3.886	3.943	3.867	171180.67	600001
2022-03-19	3.886	3.924	3.981	3.867	276799.39	600001
2022-03-20	3.934	3.934	3.962	3.809	265653.85	600001

利用 pd.DatetimeIndex() 转换后，则可以直接设置为数据框的索引。

```
In[]:    df2 = df.copy()
         df2.index = pd.DatetimeIndex(df['date'])
         df2.drop(columns=['date'])  # 多出了 date 列，将其删掉
```

Out[]:

date	open	close	high	low	volume	code
2022-03-18	3.905	3.886	3.943	3.867	171180.67	600001
2022-03-19	3.886	3.924	3.981	3.867	276799.39	600001
2022-03-20	3.934	3.934	3.962	3.809	265653.85	600001

4．用 pd.date_range() 将字符串转换成时间对象

在实际工作中，经常要生成含大量时间戳的超长索引，一个个输入会很烦琐。如果时间戳是定频的，那么用 pd.date_range() 函数即可创建 DatetimeIndex，其命令为：

```
pd.date_range(start=None, end=None, periods=None, freq='D')
```

其中，start 表示开始时间，end 表示结束时间，periods 表示生成时间序列的个数，freq 表示频率。一般是 start、end 和 freq 配合使用，或者 start、periods 和 freq 配合使用（end 和 periods 不会同时使用）。

```
In[]:    pd.date_range(start="2022-03-01",end="2022-03-12",freq="D")
Out[]:   DatetimeIndex(['2022-03-01', '2022-03-02', '2022-03-03',
                        '2022-03-04', '2022-03-05', '2022-03-06',
                        '2022-03-07', '2022-03-08', '2022-03-09',
                        '2022-03-10', '2022-03-11', '2022-03-12'],
                        dtype='datetime64[ns]', freq='D')
In[]:    pd.date_range(start="2022-03-01",periods=12,freq="D")
Out[]:   DatetimeIndex(['2022-03-01', '2022-03-02', '2022-03-03',
                        '2022-03-04', '2022-03-05', '2022-03-06',
                        '2022-03-07', '2022-03-08', '2022-03-09',
                        '2022-03-10', '2022-03-11', '2022-03-12'],
                        dtype='datetime64[ns]', freq='D')
```

二、提取时间序列处理数据信息

对于 datetime 类型的年、月、日的信息，可以利用 dt.year、dt.month、dt.day 提取信息。

```
In[]:    df['date'].dt.year
Out[]:   0    2022
         1    2022
         2    2022
Name: date, dtype: int64
In[]:    df['date'].dt.month
Out[]:   0    3
         1    3
         2    3
```

```
Name:   date, dtype: int64
In[]:   df['date'].dt.day
        0    18
        1    19
        2    20
Name: date, dtype: int64
```

而对于 datatime 类型的索引，则直接提取年、月、日。

```
In[]:   print(df1.index.year)
        print(df1.index.month)
        print(df1.index.day)
        Int64Index([2022, 2022, 2022], dtype='int64', name='date')
        Int64Index([3, 3, 3], dtype='int64', name='date')
        Int64Index([18, 19, 20], dtype='int64', name='date')
```

对于长的时间序列，可以传递一个年份或一个年份和月份，轻松对数据切片。

```
In[]:   ts=Series(np.random.randn(500),
        Index=pd.date_range(start="2021/01/01",periods=500))
        ts
Out[]:  2021-01-01   -1.038237
        2021-01-02    1.150440
        2021-01-03    0.828261
        2021-01-04   -0.766080
        2021-01-05   -0.671126
                       ...
        2022-05-11   -0.076411
        2022-05-12   -0.764616
        2022-05-13   -1.709778
        2022-05-14   -1.118474
        2022-05-15    1.664848
        Freq: D, Length: 500, dtype: float64
In[]:   ts['2022']
Out[]:  2022-01-01   -0.710813
        2022-01-02    0.054996
        2022-01-03    1.048595
        2022-01-04   -1.031456
        2022-01-05   -1.875229
                       ...
        2022-05-11   -0.076411
        2022-05-12   -0.764616
        2022-05-13   -1.709778
        2022-05-14   -1.118474
```

```
              2022-05-15    1.664848
              Freq: D, Length: 135, dtype: float64
In[]:    ts['2022-02']
Out[]:   2022-02-01    0.927994
         2022-02-02   -0.343840
         2022-02-03    1.987782
         2022-02-04   -0.195676
         2022-02-05    0.282004
         2022-02-06    0.058875
         2022-02-07    0.820763
         2022-02-08    0.168855
         2022-02-09   -1.573377
         2022-02-10    0.676421
         2022-02-11    0.741198
         2022-02-12   -0.683642
         2022-02-13   -0.993029
         2022-02-14    2.212800
         2022-02-15   -1.363218
         2022-02-16   -0.961190
         2022-02-17    0.534095
         2022-02-18   -1.095412
         2022-02-19   -0.125024
         2022-02-20   -0.452462
         2022-02-21   -0.983278
         2022-02-22    0.827445
         2022-02-23    1.647381
         2022-02-24    0.815126
         2022-02-25   -0.069373
         2022-02-26   -0.306069
         2022-02-27   -0.724967
         2022-02-28   -0.898324
         Freq: D, dtype: float6
```

第四节　分组与聚合统计分析数据

对于 Pandas 对象中的数据分组与聚合统计分析过程，首先按照给定的键分组，将数据拆分为多组，然后将一个或者多个统计函数应用到各个分组上并产生新值，最后把其合并起来，如图 6-8 所示。

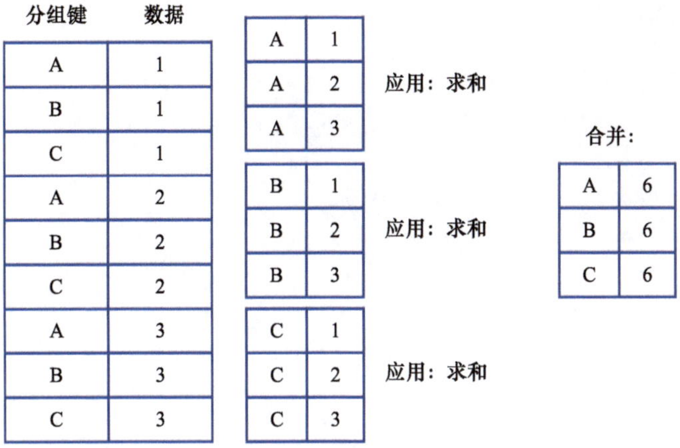

图 6-8　分组与聚合

一、groupby( )方法分组统计数据

用 groupby( ) 方法分组，分组键有多种形式，可以是 DataFrame 的列名，可以是列表和数组，可以是字典或者 Series，还可以是函数、处理轴索引或索引中的各个标签。

1. 根据 DataFrame 的某个列进行分组

```
In[]:   df = DataFrame({'key1':['a','a','b','b','a'],
                'key2':['one','two','one','two','one'],
                'data1':np.random.randn(5),
                'data2':np.random.randn(5)})
        df
Out[]:
```

	key1	key2	data1	data2
0	a	one	0.530349	0.166725
1	a	two	0.436513	0.439186
2	b	one	0.426906	0.616307
3	b	two	−0.295741	1.091314
4	a	one	−0.400767	−0.025533

利用 groupby( ) 分组得到的 groupby 对象，只是存储了分组信息，还没有进行任何计算。

```
In[]:   grouped =df.groupby('key1')
        grouped
Out[]:  <pandas.core.groupby.groupby.DataFrameGroupBy object at 0x000001D7429D8828>
```

分组后调用 mean( ) 等统计方法，可以计算分组平均值等统计值。

```
In[]:   grouped.mean()
Out[]:
```

key1	data1	data2
a	0.188698	0.193459
b	0.065583	0.853810

可以对多个键进行分组。

```
In[]:    df.groupby(['key1','key2']).mean()
Out[]:                data1      data2
         key1  key2
          a    one    0.064791   0.070596
               two    0.436513   0.439186
          b    one    0.426906   0.616307
               two   -0.295741   1.091314
```

分组的大小可以用方法 size( ) 进行计算。

```
In[]:    df.groupby(['key1','key2']).size()
Out[]:   key1  key2
          a    one    2
               two    1
          b    one    1
               two    1
         dtype: int64
```

2．用适当长度的数组或列表进行分组

分组键可以是列表和数组，要求其长度与带分组的轴一样。

```
In[]:    color = ['red','blue','blue','red','red']
         years = np.array([2005,2005,2006,2005,2006])
         df.groupby([color,years]).mean()
Out[]:                data1       data2
         blue  2005   0.436513    0.439186
               2006   0.426906    0.616307
         red   2005   0.117304    0.629019
               2006  -0.400767   -0.025533
```

3．根据字典和 Series 进行分组

分组键可以是字典或者 Series，要给出分组轴上的值与分组名之间的对应关系。例如，字典 mapping 的键名与 df1 索引上的值有对应关系。mapping={'a': 'red', 'b': 'blue'}

```
In[]:    df1 = df.set_index(['key1'])
         df1
Out[]:         key2    data1      data2
         key1
          a    one     0.530349   0.166725
          a    two     0.436513   0.439186
          b    one     0.426906   0.616307
          b    two    -0.295741   1.091314
          a    one    -0.400767  -0.025533
```

```
In[]:   df1.groupby(mapping).mean()
Out[]:          data1       data2
        blue    0.065583    0.853810
        red     0.188698    0.193459
```

同样，Series 作为分组键，原理与字典一致。

```
In[]:   s1 = Series(mapping)
        s1
Out[]:  a    red
        b    blue
        dtype: object
In[]:   df1.groupby(s1).mean()
Out[]:          data1       data2
        blue    0.065583    0.853810
        red     0.188698    0.193459
```

4．根据函数进行分组

分组键还可以是函数、处理轴索引或索引中的各个标签，其返回值会被用作分组名称。

```
In[]:   people = DataFrame(np.random.randn(4,4),
                  columns=['aa','bb','ccc','ddd'],
                  index=['Joe','Julie','Jimy','Emily'])
        people
Out[]:          aa          bb          ccc         ddd
        Joe     -0.863723   0.548971    -0.977345   -0.369172
        Julie   1.412997    -0.165018   1.004987    -2.403148
        Jimy    -0.419346   2.574531    1.694712    0.619399
        Emily   0.510973    -0.076940   -0.578533   -0.335280
```

对索引值调用函数求长度后，对返回值分组。

```
In[]:   people.groupby(len).mean()
Out[]:      aa          bb          ccc         ddd
        3   -0.863723   0.548971    -0.977345   -0.369172
        4   -0.419346   2.574531    1.694712    0.619399
        5   0.961985    -0.120979   0.213227    -1.369214
```

对 DataFrame 进行分组，默认是在行上分组（axis=0），当然也可以在列上分组（axis=1）。

```
In[]:   people.groupby(len,axis=1).mean()
Out[]:          2           3
        Joe     -0.157376   -0.673259
        Julie   0.623989    -0.699080
        Jimy    1.077593    1.157056
        Emily   0.217016    -0.456906
```

5. 根据索引级别进行分组

根据层次化索引级别进行统计分析,其实质就是根据索引级别进行分组。

```
In[]:   people = DataFrame(np.random.randn(4,4),
                columns=[['two','two','three','three'],
                ['aa','bb','ccc','ddd']],
                index=['Joe','Julie','Jimy','Emily'])
        people
```

Out[]:

	two		three	
	aa	bb	ccc	ddd
Joe	−0.444229	1.286606	0.874445	−1.662421
Julie	−0.356877	−0.258562	0.346600	1.059127
Jimy	0.760721	−0.296271	−0.995264	1.032286
Emily	−0.592215	0.185975	−0.526550	−1.287620

people.mean(level=0, axis=1)等同于people.groupby(level=0, axis=1).mean()

```
In[]:   people.groupby(level=0,axis=1).mean()
```

Out[]:

	three	two
Joe	−0.393988	0.421189
Julie	0.702864	−0.307720
Jimy	0.018511	0.232225
Emily	−0.907085	−0.203120

```
In[]:   people.mean(level=0,axis=1)
```

Out[]:

	two	three
Joe	0.421189	−0.393988
Julie	−0.307720	0.702864
Jimy	0.232225	0.018511
Emily	−0.203120	−0.907085

6. 数据聚合的内置函数

groupby()之后调用mean()方法就是数据聚合的一种,即从数组中产生标量统计值。数据聚合的常用函数见表6-3。

表6-3 数据聚合的常用函数

函数	说明
count()	分组中非NA值的数值
sum()	非NA值的和
mean()	非NA值的平均值
median()	非NA值的中位数
std()、var()	无偏(分母为n-1)标准差和方差
prod()	非NA值的积
first()、last()	第一个和最后一个非NA值

二、agg( ) 或 aggregate( ) 方法集合统计分析

aggregate( ) 方法可以聚合自定义函数，而不是仅仅利用数据聚合的内置函数。

```
In[]:   def dr(arr):
           return arr.max( )-arr.min( )
        df.groupby('key1').agg(dr)
```

Out[]:

key1	data1	data2
a	0.931116	0.464719
b	0.722646	0.475007

agg( ) 可以同时调用多个统计函数。

```
In[]:   df.groupby('key1')['data1'].agg(["max","min","mean","median","std"])
```

Out[]:

key1	max	min	mean	median	std
a	0.530349	−0.400767	0.188698	0.436513	0.512644
b	0.426906	−0.295741	0.065583	0.065583	0.510988

还可以对不同的列实施不同的函数。

```
In[]:   df.groupby('key1').agg({"data1":"mean","data2":"median"})
```

Out[]:

key1	data1	data2
a	0.188698	0.166725
b	0.065583	0.853810

三、apply( ) 方法集合统计分析

agg( ) 方法可将函数应用在数列上，然后聚合，返回一个标量的值；apply( ) 方法则可将一个数据分拆、应用、汇总，是更一般化的方法。apply( ) 方法则将带处理的对象分成若干个片段，对各个片段调用传入的函数，然后进行函数运算并返回值，再将各片段组合在一起，这样可以返回多维数据。

```
In[]:   def stats(arr):
           return {'max': arr.max( ),'min': arr.min( ),
                   'mean': arr.mean( ),'median': arr.median( )}
In[]:   df.groupby('key1')['data1'].apply(stats)
Out[]: key1
        a    max       0.530349
             mean      0.188698
             median    0.436513
             min      −0.400767
        b    max       0.426906
```

```
         mean      0.065583
         median    0.065583
         min      -0.295741
     Name: data1, dtype: float64
In[]:  df.groupby('key1')['data1'].apply(stats).unstack()
Out[]:        max        mean       median      min
       key1
        a    0.530349   0.188698   0.436513   -0.400767
        b    0.426906   0.065583   0.065583   -0.295741
```

但是如果用 agg() 聚合调用函数，则得到的形式不同。

```
In[]:  df.groupby('key1')['data1'].agg(stats)
Out[]: key1
        a    {'max': 0.53034922501688829, 'min': -0.40076723...
        b    {'max': 0.42690580898488885, 'min': -0.29574058...
       Name: data1, dtype: object
```

apply() 可以实现分组后的排序等操作，首先定义一个排序函数。

```
In[]:  def top(df,columns='data1'):
           return df.sort_values(by=columns)
       top(df,columns='data2')
Out[]:     key1   key2      data1      data2
       4    a    one      -0.400767   -0.025533
       0    a    one       0.530349    0.166725
       1    a    two       0.436513    0.439186
       2    b    one       0.426906    0.616307
       3    b    two      -0.295741    1.091314
```

然后使用 groupby() 分组后用 apply() 调用。

```
In[]:  df.groupby('key1').apply(top,columns='data2')
              key1   key2      data1      data2
Out[]: key1
        a  4   a    one      -0.400767   -0.025533
           0   a    one       0.530349    0.166725
           1   a    two       0.436513    0.439186
        b  2   b    one       0.426906    0.616307
           3   b    two      -0.295741    1.091314
```

对于 apply 调用排序函数，如果换用 agg() 就会报错。apply() 的功能很强大，读者可以多思考，勤练习，发挥其强大作用为自己所用。再举例，利用 apply() 可把分组统计运算后的结果加到原数据框中。

```
In[]:  def fun_sum(df,columns='data1'):
           df['sum']=df[columns].sum()
```

```
            return df
In[]:   df.groupby('key1').apply(fun_sum,'data2')
Out[]:  key1        key2        data1        data2        sum
        0   a       one         0.530349     0.166725     0.580378
        1   a       two         0.436513     0.439186     0.580378
        2   b       one         0.426906     0.616307     1.707621
        3   b       two         −0.295741    1.091314     1.707621
        4   a       one         −0.400767    −0.025533    0.580378
```

第五节　透视表与交叉表统计分析数据

透视表是特殊的分组聚合，例如 Excel 的数据透视表，可以根据一个键或多个键对数据进行聚合，如图 6-9 所示。

Excel 的这个结果是用透视表功能完成的。如图 6-10 所示，利用行、列上的分组键将数据分配到矩形区域中。

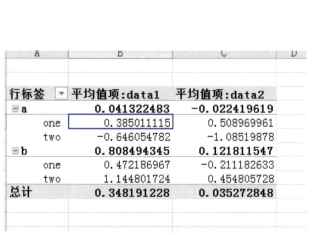

图 6-9　利用 Excel 数据透视表聚合

图 6-10　创建 Excel 的数据透视表

一、pivot_table() 创建透视表统计分析

DataFrame 可以通过 pivot_table() 方法制作透视表。其命令是：

df.pivot_table(values=None, index=None, columns=None, aggfunc='mean', fill_value=None, margins=False, dropna=True, margins_name='All',observed=False,)

部分参数说明如表 6-4 所示。

表 6-4 pivot_table() 的部分参数说明

参数	说明
values	待聚合的列的名称，默认聚合所有数值列
index	用于分组的列名或其他分组键，出现在结果透视表的行
columns	用于分组的列名或其他分组键，出现在结果透视表的列
aggfunc	聚合函数或函数列表，默认为"mean"，可以是任何对 groupby 有效的函数
margins	添加行、列小计和总计，默认为 False

例如 df，把列 "key1" 和 "key2" 放在行，对列 "data1" 和 "data2" 进行平均值聚合。

```
In[]:    df.pivot_table(['data1','data2'],index=['key1','key2'])
Out[]:                  data1        data2
         key1  key2
         a     one      0.064791     0.070596
               two      0.436513     0.439186
         b     one      0.426906     0.616307
               two     -0.295741     1.091314
```

分组键可以放在行，也可以放在列。例如把列 "key1" 放在行，把列 "key2" 放在列进行分组，对列 "data1" 和 "data2" 进行平均值聚合。

```
In[]:    df.pivot_table(['data1','data2'],index=['key1'],columns=['key2'])
                         data1                       data2
Out[]:  key2    one         two           one           two
        key1
        a       0.064791    0.436513      0.070596      0.439186
        b       0.426906   -0.295741      0.616307      1.091314
```

聚合函数是通过 aggfunc 参数传入的，margins=True 时可以添加分项小计。

```
In[]:    df.pivot_table(['data1','data2'],index=['key1'],columns=['key2'],
                 aggfunc='count',margins=True)
                       data1              data2
Out[]:  key2   one   two   All    one   two   All
        key1
        a      2     1     3      2     1     3
        b      1     1     2      1     1     2
        All    3     2     5      3     2     5
```

二、crosstab() 创建交叉表统计分析

交叉表是用于统计分组频数的特殊透视表。如果计算频数，那么直接用交叉表会更方便。

例如，把列"key1"放在行，把列"key2"放在列，进行分组后，求所在组的频数。

```
In[]:    pd.crosstab(df.key1,df.key2,margins=True)
Out[]:   key2   one   two   All
         key1
         a       2     1     3
         b       1     1     2
         All     3     2     5
```

小结

Pandas 进一步把索引功能用到极致，层次化索引用低维度数据结构存储和操作高维度数据，能轻松和方便地对数据结构进行重塑和分组。Pandas 数据集的合并也能满足各种要求，可以利用配对键进行内连接、外连接、左连接、右连接的数据库风格合并，可以进行横向或纵向堆叠数据集的轴向连接数据集合并，也可以进行对两个表填充互补的数据集合并。Pandas 对日期时间的处理非常灵活，能方便地提取时间信息和切片。Pandas 能进行各种分组、聚合，统计数据分析功能也进一步拓展。

实训

实训背景：2022 年 2 月，我国举办了第 24 届冬季奥林匹克运动会，即 2022 年北京冬季奥运会。北京，既古老又现代的国际化都市，全球首个"双奥之城"（夏季和冬季奥运会举办城市），再次为世界奉献了一届令人难忘的奥运盛会，再次向世人展现了中国人民积极向上的精神和力量，再次书写了奥林匹克运动新的传奇。这是设项和产生金牌最多的一届冬奥会，给更多冰雪健儿创造了实现梦想的机会。北京冬奥会的圆满成功，兑现了中国对国际社会的庄严承诺，为各国冰雪健儿提供了超越自我的舞台，也为疫情困扰下的世界注入了信心和力量。

第六章实训讲解

实训要求：第五章的实训完成了数据清洗和描述性统计分析，请再利用数据文件 medalists.csv 进行分析，得出奖牌榜等信息。

实训步骤：

第一步：导入数据并查看数据。数据集 df2 的形状和前 5 行数据如图 6-11 所示，数据集 df2 有 694 行和 5 列。5 列信息分别是运动员姓名（NAME）、参赛国家或地区奥委会（NOC）、分项（DISCIPLINE）、小项（EVENT）、获奖奖牌（MEDAL）。

```
In[]:    import pandas as pd
         import numpy as np
```

```
             from pandas import Series, DataFrame
             df2 = pd.read_csv("Medalists.csv")
In[]:        print(df2.shape)
             df2.head()
```

(694, 5)

	NAME	NOC	DISCIPLINE	EVENT	MEDAL
0	STROLZ Johannes	Austria	Alpine Skiing	Men's Alpine Combined	Gold
1	FEUZ Beat	Switzerland	Alpine Skiing	Men's Downhill	Gold
2	ODERMATT Marco	Switzerland	Alpine Skiing	Men's Giant Slalom	Gold
3	MAYER Matthias	Austria	Alpine Skiing	Men's Super-G	Gold
4	NOEL Clement	France	Alpine Skiing	Men's Slalom	Gold

图 6-11　数据集 df2 的形状和前 5 行数据

对数据进行描述性分析，可知有 29 个国家或地区奥委会在 2022 北京冬奥会获奖，如图 6-12 所示。

```
In[]:    df2.describe()
```

	NAME	NOC	DISCIPLINE	EVENT	MEDAL
count	694	694	694	694	694
unique	551	29	15	99	3
top	ROEISELAND Marte Olsbu	ROC	Ice Hockey	Men	Bronze
freq	5	86	144	93	233

图 6-12　数据文件 df2 的描述性分析

观察到小项项目不唯一，应与分项对应匹配，于是数据集 df2 需增加一列"分项 - 小项"，并对加列后的数据文件进行描述性分析，如图 6-13 所示。通过分析可知，2022 年北京冬奥会总共有 109 小项，即会产生 109 项金牌。

```
In[]:    df2['Discipline-Event'] = df2['Discipline']+ ' '+df2['Event']
         df2.describe()
```

	NAME	NOC	DISCIPLINE	EVENT	MEDAL	Discipline-Event
count	694	694	694	694	694	694
unique	551	29	15	99	3	109
top	ROEISELAND Marte Olsbu	ROC	Ice Hockey	Men	Bronze	Ice Hockey Men
freq	5	86	144	93	233	75

图 6-13　加列后数据集 df2 的描述性分析

第二步：获取每一个小项获奖的国家或地区奥委会信息。首先对小项、获奖奖牌和获奖参赛国家或地区奥委会进行分组，并查看后 5 行，如图 6-14 所示。

```
In[]:  g=df2.groupby(['DISCIPLINE','Discipline-Event','MEDAL','NOC'],
               as_index=False).size()
       g.tail()
```

	DISCIPLINE	Discipline-Event	MEDAL	NOC	size
322	Speed Skating	Speed Skating Women's Mass Start	Gold	Netherlands	1
323	Speed Skating	Speed Skating Women's Mass Start	Silver	Canada	1
324	Speed Skating	Speed Skating Women's Team Pursuit	Bronze	Netherlands	4
325	Speed Skating	Speed Skating Women's Team Pursuit	Gold	Canada	3
326	Speed Skating	Speed Skating Women's Team Pursuit	Silver	Japan	3

图 6-14　数据文件 g 的后 5 行

分组后，团体赛中每个运动员的获奖数量都被计算上，存在同一种奖项重复计数的情况，可从数据文件 g 的后 5 行观察到，为避免重复，将列 size 的数值都改成 1。

```
In[]:  g["size"]= 1
       g.tail()
```

更新数据文件 g 的后 5 行，如图 6-15 所示。

	DISCIPLINE	Discipline-Event	MEDAL	NOC	size
322	Speed Skating	Speed Skating Women's Mass Start	Gold	Netherlands	1
323	Speed Skating	Speed Skating Women's Mass Start	Silver	Canada	1
324	Speed Skating	Speed Skating Women's Team Pursuit	Bronze	Netherlands	1
325	Speed Skating	Speed Skating Women's Team Pursuit	Gold	Canada	1
326	Speed Skating	Speed Skating Women's Team Pursuit	Silver	Japan	1

图 6-15　更新数据文件 g 的后 5 行

第三步：分析国家或地区奥委会获奖情况。将国家或地区奥委会作为行，将获奖奖牌作为列进行统计计数，即可得到每一个获奖国家或地区奥委会的金、银、铜牌获奖数量和总量，如图 6-16 所示。

```
In[]:  g1=g.pivot_table(index=['NOC'],columns=['MEDAL'],fill_value=0,
              margins=True,aggfunc='sum')
       g1.head()
```

	size			
MEDAL	Bronze	Gold	Silver	All
NOC				
Australia	1	1	2	4
Austria	4	7	7	18
Belarus	0	0	2	2
Belgium	1	1	0	2
Canada	14	4	8	26

图 6-16　统计表的前 5 行

第四步：排序整理。对统计表的列按照金牌、银牌、铜牌、奖牌总数的顺序调整，统计表的行也从金牌数量、银牌数量、获奖总数进行降序排列，即得到 2022 年冬奥会的奖牌榜，如图 6-17 所示。

```
In[]:   g2 = g1["size"][["Gold","Silver","Bronze","All"]]
        g3=g2.sort_values(by=[ 'Gold', 'Silver','All'],ascending=False)
        g3.iloc[1:,:]
```

MEDAL	Gold	Silver	Bronze	All
NOC				
Norway	16	8	13	37
Germany	12	10	5	27
People's Republic of China	9	4	2	15
United States of America	8	10	7	25
Sweden	8	5	5	18
Netherlands	8	5	4	17
Austria	7	7	4	18
Switzerland	7	2	5	14
ROC	6	12	14	32
France	5	7	2	14
Canada	4	8	14	26
Japan	3	6	9	18
Italy	2	7	8	17
Republic of Korea	2	5	2	9
Slovenia	2	3	2	7
Finland	2	2	4	8
New Zealand	2	1	0	3
Australia	1	2	1	4
Great Britain	1	1	0	2
Hungary	1	0	2	3
Belgium	1	0	1	2
Czech Republic	1	0	1	2
Slovakia	1	0	1	2
Belarus	0	2	0	2
Spain	0	1	0	1
Ukraine	0	1	0	1
Estonia	0	0	1	1
Latvia	0	0	1	1
Poland	0	0	1	1

图 6-17 奖牌榜

2022 年北京冬奥会成功举办，不仅可以增强我们实现中华民族伟大复兴的信心，而且有利于展示我们国家和民族致力于推动构建人类命运共同体，阳光、富强、开放的良好形象，增进各国人民对中国的了解和认识。中国体育代表团取得 9 金 4 银 2 铜的佳绩，首次取得金牌榜第三,在顽强拼搏、勇往直前、永不言败精神的鼓舞下,中国冰雪傲然于世,呈现出勃勃生机。

练 习

1. 在数据框 df 中(如图 6-18 所示),取出学生 a 的第二学期和期末的分数。

学期		第一学期		第二学期	
	时点	期中	期末	期中	期末
学生	科目				
a	数学	67	35	72	45
	语文	72	72	56	83
b	数学	89	79	64	75
	语文	64	96	86	68
c	数学	85	89	94	88
	语文	88	89	97	96

图 6-18 数据框 df

2. 把第 1 题数据框 df 的学生信息转换成列索引,把学期、时点、科目作为行索引,并按照学期、时点、科目的分级顺序排序,最后加上一列,每个学期、时点、科目对应的平均分列。

3. 创建三个不同的但长度均为 100 的 Seires,分别按行方向和列方向合并,并给各列进行命名。

4. 对 df1 和 df2 进行内连接、外连接、左连接、右连接的合并。

df1=DataFrame({'key':['a','b','b'],'data1':range(3)}) df2=DataFrame({'key':['a','b','c'],'data2':range(3)})

5. 读入股票每日行情数据 data.xls,将时间一列转换为 datetime 类型,并把时间列设置为索引,提取年、月、日的信息,计算每一个月的最大值和最小值。

6. 用 pivot_table 求出第 1 题中每个学生在每个学期每个时点的总分,每门科目每个学期每个时点的平均分、最低分、最高分。

第七章
出版质量级绘图类库 Matplotlib

第一节　Matplotlib 绘图基础

一、Matplotlib 简介

Matplotlib 是基于 NumPy 的一套 Python 工具包。这个工具包提供了丰富的数据绘图工具，主要用于绘制一些统计图形。matplotlib.pyplot 是一个有命令风格函数的集合，可使 Matplotlib 像 Matlab 一样工作。pyplot 主要用于交互式绘图和程序化绘图，绘图效果展示如图 7-1 所示。Matplotlib 基本绘图流程：创建画布和子图，添加绘图元素（标题、x 轴和 y 轴名称、x 轴和 y 轴刻度与范围）、绘制图形、添加图例、保存图形和显示图形。

引入 Matplotlib 方式：

import matplotlib.pyplot as plt

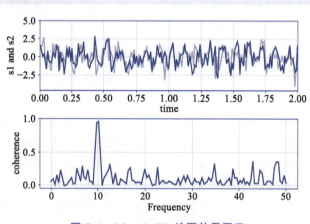

图 7-1　Matplotlib 绘图效果展示

二、创建画布与子图

Matplotlib 首先构建出一张空白的画布，并选择是否将整个画布划分为多个部分，以便在同一幅图上绘制多个图形，所用函数见表 7-1。

表 7-1　创建画布与子图函数

函数	说明
plt.figure()	创建一个空白画布，可以指定画布大小
figure.add_subplot()	创建并选中子图，可以指定子图的行数和列数，选中图片编号

例如创建一个画布，并创建两个子图，其效果如图 7-2 所示。

fig = plt.figure(num=1, figsize=(15,8),dpi=80)
ax1 = fig.add_subplot(2,1,1)
ax2 = fig.add_subplot(2,1,2)

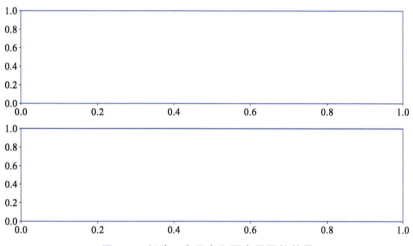

图 7-2　创建一个画布和两个子图的效果

三、快速绘制画布的多子图

根据特定布局创建 Figure 和 Subplot 是一件非常常见的任务，于是便出现了更为方便的方法（plt.subplots()），它可以创建一个新的 Figure，并返回一个含有已创建的 Subplot 对象的 NumPy 数组。

基本语法为：

plt.subplots(nrows=1,ncols=1,sharex=False,sharey=False,
subplot_kw=None,**fig_kw)

plt.subplots() 的参数说明见表 7-2。

表 7-2　plt.subplots() 的参数说明

参数	说明
nrows	Subplot 的行数
ncols	Subplot 的列数
sharex	所有 Subplot 应该使用相同的 x 轴刻度（调节 xlim 会影响所有 Subplot）
sharey	所有 Subplot 应该使用相同的 y 轴刻度（调节 ylim 会影响所有的 Subplot）
subplot_kw	用于创建 Subplot 的关键字字典
**fig_kw	创建 Figure 时的其他关键字

例如创建一个两行两列的子图，并指定其中一个子图，其效果如图 7-3 所示。

```
fig,axarr = plt.subplots(2,2)    # 打开一个新窗口，并添加 4 个子图，返回子图数组
ax1 = axarr[0,1]                 # 通过子图数组获取一个子图
```

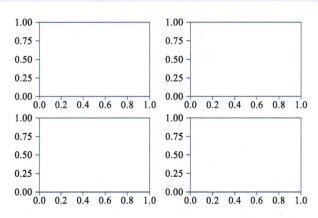

图 7-3　两行两列子图，并指定其中一个子图的效果

plt.subplots( ) 需要的子图需要一个一个指定，而 plt.subplot(nrows,cols,index) 可以创建画布和添加一个子图，其效果如图 7-4 所示。

```
plt.subplot(2,1,1,facecolor='white')
```

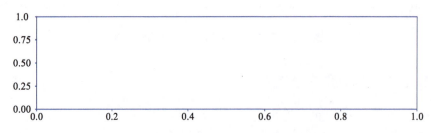

图 7-4　创建画布和添加一个子图的效果

四、调整多子图之间的间距

默认情况下，Matplotlib 会在 Subplot 外围自动产生一定的边距，在 Subplot 之间也会产生一定的间距。间距跟图像的高度和宽度有关，不管是手工还是编程调整图像大小，间距也会随之自动调整。利用 Figure 的 subplots_adjust( ) 方法可以修改间距，其语法是：

```
plt.subplots_adjust(left=None,bottom=None,right=None,wspace=None, hspace=None)
```

例如调整多子图的横向距离，其效果如图 7-5 所示。

```
fig,axarr = plt.subplots(2,2)
fig.subplots_adjust(wspace=0.5)          # 子图之间的横向距离与子图宽度的比例为 0.5
```

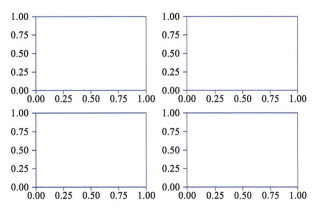

图 7-5 调整多子图横向间距的效果

五、绘图相关样式与动态 rc 参数

Matplotlib 的绘图样式包括颜色、线型、点标记等。Matplotlib 的 plot( ) 函数接收一组 *x* 坐标和 *y* 坐标，还可以接收表示颜色、线型的字符串缩写和线型标记等绘图相关样式。

```
import numpy as np
x = np.arange(10)
y = x*1.5
plt.plot(x, y, 'go:')           # g 表示线条绿色，: 表示线型为短虚线，o 表示标记为圆圈
```

其效果如图 7-6 所示。

也可以进行更为明确的颜色、线型和标记设置。下面例子的效果如图 7-7 所示。

```
plt.plot(x,3x, color ="b",marker="d",linestyle="-.")
```

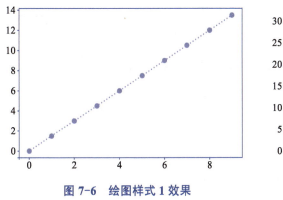

图 7-6 绘图样式 1 效果

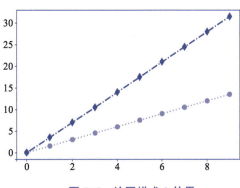

图 7-7 绘图样式 2 效果

1．绘图动态 rc 参数

pyplot 使用 rc 配置文件来自定义图形的各种默认属性，被称为 rc 配置或 rc 参数。在 pyplot 中，几乎所有的默认属性都是可以控制的，如视图窗口大小以及每英寸点数、线条宽度、颜色和样式、坐标轴、坐标和网格属性、文本、字体等。例如：

```
plt.rcParams['lines.linestyle'] = '--'
plt.rcParams['lines.linewidth'] = 3
plt.rcParams['lines.marker'] = 'h'
plt.plot(x,x*1.5,x,x*3.5)
```

其效果如图 7-8 所示。

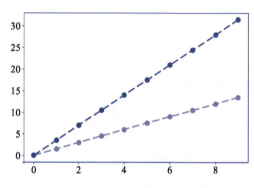

图 7-8　绘图 rc 参数控制图形效果

关于线条的常用 rc 参数说明见表 7-3，关于常用线条类型的说明见表 7-4，关于线条标记的解释见表 7-5。

表 7-3　线条的常用 rc 参数说明

rc 参数	说明	取值
lines.linewidth	线条宽带	取 0～10 之间的数组，默认是 1.5
lines.linestyle	线条样式	可取 "-" "--" "-." ":" 4 种，默认为 "-"
lines.marker	线条上点的形状	可取 "o" "D" "h" "." "," "S" 等 20 种，默认为 None
lines.makersize	点的大写	取 0～10 之间的数组，默认为 1

表 7-4　常用线条类型的说明

linestyle 取值	说明	linestlye 取值	说明
-	实线	-.	点线
--	长虚线	:	短虚线

表 7-5　线条标记的解释

marker 取值	说明	marker 取值	说明
o	圆圈	.	点
D	菱形	s	正方形
h	六边形 1	*	星号
H	六边形 2	d	小菱形
-	水平线	v	一角朝下的三角形
8	八边形	<	一角朝左的三角形
p	五边形	>	一角朝右的三角形
,	像素	^	一角朝上的三角形
+	加号	\	竖线
None	无	x	X

2. rc 参数其他说明

由于默认的 pyplot 字体并不支持中文字符的显示,因此需要通过设置 font.sans-serif 参数改变绘图时的字体,使得图形可以正常显示中文。同时,由于更改字体会导致坐标轴中的部分字符无法显示,因此需要同时更改 axes.unicode_minus 参数。

```
plt.rcParams['font.sans-serif'] = ['SimHei']      # 设置中文字体
plt.rcParams['axes.unicode_minus'] = False        # 设置正常显示负号
```

除了设置线条和字体的 rc 参数外,还可以设置文本、箱线图、坐标轴、刻度、图例、标记、图片、图像保存等的 rc 参数。具体参数与取值可以参考官方文档。

六、添加画布信息内容

绘图时添加标题、坐标轴名称等与绘制图形等步骤是并列的,没有先后顺序,可以先绘制图形,也可以先添加各类标签,但是添加图例一定要在绘制图形之后。添加画布信息函数见表 7-6。

表 7-6　添加画布信息函数

函数	说明
plt.title()	在当前图形中添加标题,可以指定标题的名称、位置、颜色、字体大小等参数
plt.xlabel()	在当前图形中添加 x 轴名称,可以指定位置、颜色、字体大小等参数
plt.ylabel()	在当前图形中添加 y 轴名称,可以指定位置、颜色、字体大小等参数
plt.xlim()	指定当前图形 x 轴的范围,只能确定一个数值区间,而无法使用字符串标识
plt.ylim()	指定当前图形 y 轴的范围,只能确定一个数值区间,而无法使用字符串标识
plt.xticks()	指定 x 轴刻度的数目与取值
plt.yticks()	指定 y 轴刻度的数目与取值
plt.legend()	指定当前图形的图例,可以指定图例的大小、位置、标签

例如下例中的添加画布信息,其效果如图 7-9 所示。

```
x = np.arange(-5,5,1)
y = x*3
plt.title(' 绘图练习 ')                                    # 设置图的名称
plt.xlabel('x-name')                                      # 设置 x 轴名称
plt.ylabel('y-name')                                      # 设置 y 轴名称
plt.xlim(-5,5)                                            # 设置 x 轴范围
plt.ylim(-10,10)                                          # 设置 y 轴范围
plt.xticks((-5,-3,-1,1,3,5),labels=['x1','x2','x3','x4','x5','x6'],
           rotation=-30,fontsize='small')   # 设置坐标轴刻度
plt.plot(x,y,marker='o',color='black',label='legend1')    # 绘制图形
plt.legend(loc="best")                                    # 设置图例
```

除了标准图表对象外,有时候希望在图表上绘制一些自定义的注解。annotate() 是辅

助函数，使标注变得容易。在标注中，参数 xy 表示标注位置，xytext 表示文本位置。这两个参数都是 (x, y) 元组。下例中，还加入了箭头属性，其效果如图 7-10 所示。

```
plt.annotate('important point', xy=(2, 6), xytext=(3, 1.5),
             arrowprops=dict(facecolor='black', shrink=0.05) )
```

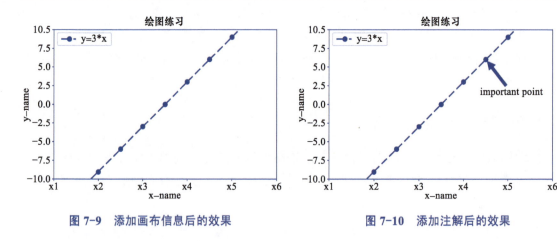

图 7-9　添加画布信息后的效果　　　　　图 7-10　添加注解后的效果

七、将图表保存为图片

利用 plt.savefig() 可以将当期图表保存到文件，该方法相当于 Figure 对象的实例方法 savefig()。其参数说明见表 7-7。而显示图表，只需利用 plt.show() 即可。

```
plt.savefig(fname,dpi=None,format=None bbox_inches=None)
```

表 7-7　plt.savefig() 参数说明

参数	说明
fname	含有文件路径的字符串或 Python 的文件对象。图像格式由文件扩展名推断出来，例如，.pdf 推断出 PDF，.png 推断出 PNG
dpi	图像分辨率（每英寸点数），默认为 100
format	显示设置文件格式（png、pdf、svg、ps、eps 等）
bbox_inches	图表需要保存的部分。如果设置为 "tight"，则将尝试剪除图表周围的空白部分

第二节　Matplotlib 绘图进阶

一、散点图基本概述与绘制

散点图（Scatter Diagram）又称为散点分布图，是以一个特征为横坐标，以另一个特征为纵坐标，利用坐标点（散点）的分布形态反映特征间统计关系的一种图形。

基本语法为：

matplotlib.pyplot.scatter(x, y, s=None, c=None, marker=None,alpha=None, **kwargs)

部分参数说明见表7-8。

表7-8 pyplot.scatter()的部分参数说明

参数	说明
x、y	接收array。表示x轴和y轴对应的数据。无默认
s	接收数值或者一维的array。指定点的大小，若传入一维array，则表示每个点的大小。默认为None
c	接收数值或者一维的array。指定点的大小，若传入一维array，则表示每个点的颜色。默认为None
marker	接收特定string。表示绘制的点的类型。默认为None
alpha	接收0～1的小数。表示点的透明度。默认为None
**kwargs	表示其他关键词参数

例如绘制散点图，其效果如图7-11所示。

```
plt.figure(figsize=(10,4),dpi=80)
np.random.seed(1)
x=10*np.random.randn(100)
y=10*np.random.randn(100)
plt.scatter(x,y,c='red',marker='o',alpha=0.2)
plt.scatter(0.8*x,2*y,c='b',marker='^')
plt.title('散点图 1')
```

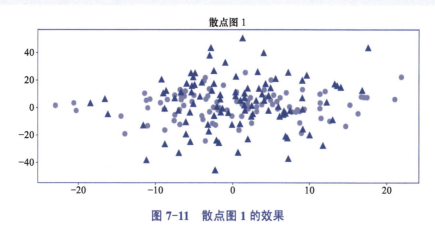

图7-11 散点图1的效果

二、折线图基本概述与绘制

折线图（Line Chart）是一种将数据点按照顺序连接起来的图形，可以看作是将散点图按照x轴坐标顺序连接起来的图形。折线图的主要功能是查看因变量y随着自变量x改变的趋势，最适合用于显示随时间（根据常用比例设置）而变化的连续数据。同时还可以看出数量的差异变化趋势。

基本语法为：

matplotlib.pyplot.plot(*args, **kwargs)

常用参数说明见表7-9。

表7-9　pyplot.plot()的常用参数说明

参数	说明
*args	表示一个可变长度参数，这里表示可选格式字符串的多个x、y对，可选格式包含颜色、点型、线型等
**kwargs	表示一个可变的关键字参数，参数可选，用于指定线条标签、线宽等属性

例如绘制折线图，其效果如图7-12所示。

x=np.arange(0,30,1)
y=np.random.uniform(0,30,30)
y0=np.random.uniform(0,30,30)
plt.plot(x,y,'g--*',x,y0,'r:.')
plt.ylabel('纵轴（值）')
plt.title('折线图')

pyplot.plot()如果不设置连接点的线型，也可以绘制散点图，其效果如图7-13所示。

x=np.arange(0,30,1)
y=np.random.uniform(0,30,30)
y0=np.random.uniform(0,30,30)
plt.plot(x,y,'g*',x,y0,'r.')
plt.title('散点图2')

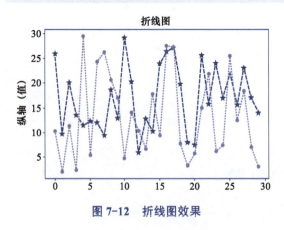
图7-12　折线图效果

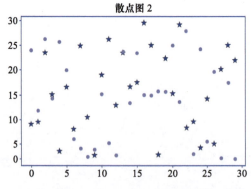
图7-13　利用pyplot.plot()绘制散点图后的效果

三、柱形图基本概述与绘制

柱形图（Bar Chart）又称为条形图，描述的是分类数据（离散数据），以可视化的方式展示分类数据的频数或频率。

基本语法为：

matplotlib.pyplot.bar(x, height, width=0.8, bottom=None, *,
　　　　　　　　　align='center', data=None, **kwargs)

常用参数说明见表 7-10。

表 7-10　pyplot.bar 的常用参数说明

参数	说明
x	柱形图的 x 坐标
height	柱形图的高度
width	柱形图的宽度，默认为 0.8
bottom	每个柱形图关于纵坐标的起点，默认是 0
align	柱形图与 x 轴的对齐位置，center 表示柱形图中心对齐 x 轴坐标，edge 为左边缘对齐 x 轴坐标，若要设置右对齐，则需要设置为 edge，并且 width 为负。默认为 center
**kwargs	指刻画条形图各种属性的参数，包括 color、edgecolor 等参数

例如绘制柱形图，其效果如图 7-14 所示。

```
x_data = np.array([ '2017', '2018', '2019', '2020', '2021', '2022'])
y_data = np.array([5020, 5300, 6100, 7400, 8050, 9700])
y_data2 = np.array([4420, 4150, 4830, 4680, 4950, 5270])
plt.bar(x=x_data, height=y_data)
plt.show( )
```

调整柱形图的宽度，设置柱形图边界的颜色、线型、宽度。下例的效果如图 7-15 所示。

```
plt.bar(x=x_data,height=y_data,width=0.5,edgecolor='r',linestyle='--', linewidth=2)
```

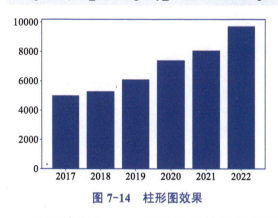

图 7-14　柱形图效果

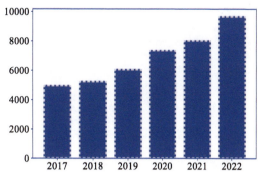

图 7-15　设置宽度和边界的柱形图效果

利用参数 bottom 设置坐标轴的起点可以对两个柱形图进行堆叠。下例的效果如图 7-16 所示。

```
plt.bar(x_data,y_data,label='a')
plt.bar(x_data, y_data2,bottom=y_data,label='b')
plt.legend( )
```

两个柱形图并列，只需将其中一个位置进行偏移，其效果如图 7-17 所示。

```
x_range = np.arange(6)
plt.bar(x=x_range, height=y_data, width=0.3, tick_label=x_data)
plt.bar(x=x_range+0.3, height=y_data2, width=0.3)
```

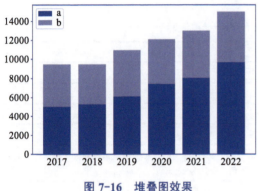

图 7-16　堆叠图效果

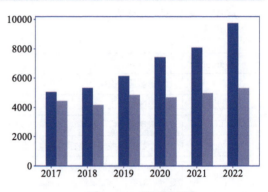

图 7-17　并列图效果

利用 barh( ) 绘制水平柱形图，可以得到图 7-18 所示的正负水平柱形图。

```
plt.barh(x_range, y_data, tick_label=x_data, color='y')
plt.barh(range(6), -y_data2)
```

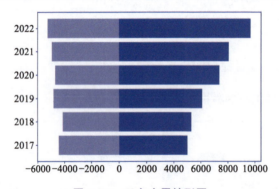

图 7-18　正负水平柱形图

四、饼图基本概述与绘制

饼图用扇形的面积（也就是圆心角的度数）来表示数量，显示一个数据系列中各项的大小与各项总和的比例。

基本语法为：

```
plt.pie(x, explode=None, labels=None, colors=None, pctdistance=0.6, shadow=False,
        labeldistance=1.1, startangle=None, radius=None, counterclock=True,
        wedgeprops=None, textprops=None, center=(0,0), frame=False)
```

常用参数说明见表 7-11。

表 7-11　plt.pie( ) 的常用参数说明

参数	说明
x	绘图的数据
explode	指定饼图某些部分突出显示
labels	为饼图添加标签说明
colors	指定饼图的填充色
shadow	添加饼图的阴影效果
pctdistance	设置百分比标签与圆心的距离
labeldistance	设置各扇形标签（图例）与圆心的距离
startangle	设置饼图的初始摆放角度，数字 180 表示 180°，即水平位置
radius	设置饼图的半径大小
counterclock	设置饼图是否按逆时针顺序呈现
wedgeprops	设置饼图内外边界的属性，如边界线的粗细、颜色等，如 wedgeprops={'linewidth':1.5, 'edgecolor':'green'}
textprops	设置饼图中文本的属性，如字体大小、颜色等
center	指定饼图的中心点位置，默认为原点
frame	设置要显示饼图背后的图框，如果设置为 True 的话，则需要同时控制图框 x 轴、y 轴的范围和饼图的中心位置

例如绘制饼图，其效果如图 7-19 所示。

```
labels = [' 小学 ',' 初中 ',' 高中 ',' 大学 ']
sizes = [14.55,30.45,45,10]
explode = (0,0,0.2,0)
plt.pie(sizes,labels=labels,explode=explode,
        labeldistance = 1.1,pctdistance = 0.7,
        autopct='%.2f%%',shadow=False,startangle=180,
        wedgeprops = {'linewidth': 1.5, 'edgecolor':'black'},
        textprops = {'fontsize':18, 'color':'k'},center=(0,0),frame=1)
plt.axis('equal')    # 使饼图的 x、y 轴长度相等
plt.legend(loc='best')
```

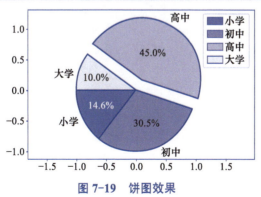

图 7-19　饼图效果

五、直方图基本概述与绘制

直方图是用来展现连续型数据分布特征的统计图形（柱形图主要展现离散型数据分布）。基本语法为：

```
plt.hist(x, bins=None, range=None, density=None, weights=None,
        cumulative=False,bottom=None, histtype='bar', align='mid',
        orientation='vertical', rwidth=None,log=False, colors=None,
        label=None, stacked=False, normed=None)
```

常用参数说明见表 7-12。

表 7-12　plt.hist( ) 参数说明

参数	说明
x	绘图的数据
bins	直方图的长条形数目，可选项，默认为 10
range	设置区间范围
density	默认为 False，显示的是频数统计结果，为 True 则显示频率统计结果，和 normed 效果一致，官方推荐使用 density
weights	与 x 形状相同的权重数组，将 x 中的每个元素乘以对应权重值再计数；如果 normed 或 density 取值为 True，则会对权重进行归一化处理。这个参数可用于绘制已合并数据的直方图
cumulative	如果为 True，则计算累计频数；如果 normed 或 density 的取值为 True，则计算累计频率
bottom	数组，标量值或 None；每个柱状图底部对应于 y=0 的位置
histtype	可选 {'bar', 'barstacked', 'step', 'stepfilled'} 其中的选项之一，默认为 bar，推荐使用默认配置，step 使用的是梯状，stepfilled 则会对梯状内部进行填充，效果与 bar 类似
align	可选 {'left', 'mid', 'right'} 其中的选项之一，默认为 "mid"，控制柱状图的水平分布。使用 left 或者 right 时，会有部分空白区域。推荐使用默认
orientation	如果取值为 horizontal，则水平排列
rwidth	取值标量值或 None，表示柱状图的宽度占 bins 宽的比例
log	默认为 False，即 y 坐标轴不选择指数刻度；True 表示选择指数刻度
colors	指定直方图的填充色
label	有多个数据集时，用 label 参数做标注区分
stacked	如果为 True，则多个数据堆叠在一起

例如对模拟正态分布的数据绘制直方图，其效果如图 7-20 所示。

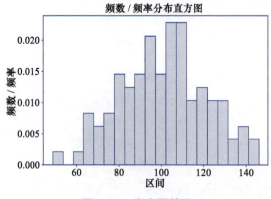

图 7-20　直方图效果

```
np.random.seed(0)
mu,sigma = 100,20
data = np.random.normal(mu,sigma,size=100)
plt.hist(data,bins=20,density=True,facecolor='g',edgecolor="black")
plt.xlabel(" 区间 ",fontproperties='SimHei',fontsize=18)
```

```
plt.ylabel(" 频数 / 频率 ",fontproperties='SimHei',fontsize=18)
plt.title(' 频数 / 频率分布直方图 ',fontproperties='SimHei')
```

六、箱线图基本概述与绘制

箱线图（Boxplot）也称盒须图，利用数据中的五个统计量（最小值、下四分位数、中位数、上四分位数和最大值）来描述数据，提供有关数据位置和分散情况的关键信息，尤其在比较不同特征时，更能表现其集中和分散程度差异。

基本语法为：

```
plt.boxplot(x, notch=None, sym=None, vert=None, whis=None,
            positions=None, widths=None, patch_artist=None,
            meanline=None, showmeans=None, showcaps=None,
            showbox=None, showfliers=None, boxprops=None,
            labels=None, flierprops=None, medianprops=None,
            meanprops=None, capprops=None, whiskerprops=None)
```

常用参数说明见表 7-13。

表 7-13 plt.boxplot( ) 的常用参数说明

参数	说明
x	接收 array，表示用于绘制箱线图的数据，无默认
notch	接收 boolean，表示是否用凹口的形式展现箱线图，默认非凹口
sym	接收特定 sting，指定异常点形状，默认为 None
vert	接收 boolean，表示是否需要将箱线图垂直摆放，默认垂直摆放
whis	指定上下边缘与上下四分位的距离，默认为 1.5 倍的四分位差
showmeans	是否显示均值，默认不显示
showbox	是否显示箱线图的箱体，默认显示
boxprops	设置箱体的属性，如边框色、填充色等
flierprops	设置异常值的属性，如异常点的形状、大小、填充色等
capprops	设置箱线图顶端和末端线条的属性，如颜色、粗细等
positions	接收 array，指定箱线图的位置，默认是 [0,1,2…]
widths	接收 scalar 或者 array，表示每个箱体的宽度，默认为 0.5
labels	接收 array，指定每一个箱线图的标签，默认为 None
meanline	接收 boolean，表示是否显示均值线，默认为 False
patch_artist	是否填充箱体的颜色
showcaps	是否显示箱线图顶端和末端的两条线，默认显示
showfliers	是否显示异常值，默认显示
labels	为箱线图添加标签，类似于图例的作用
meanprops	设置均值的属性，如点的大小、颜色等
whiskerprops	设置须的属性，如颜色、粗细、线的类型等

例如画三个均值为 0，sigma 分别为 1、2、3 的模拟正态分布箱线图，其效果如图 7-21 所示。

```
all_data=[np.random.normal(0,std,100) for std in range(1,4)]
flierprops = {'marker':'o','markerfacecolor':'red','color':'black'}
boxprops = {'color':'black','facecolor':'lightblue'}
plt.boxplot(all_data,vert=True,patch_artist=True,boxprops = boxprops,
            flierprops=flierprops,showmeans=True,meanline=True,
            notch=True,labels=["1sigma","2sigma","3sigma"])
```

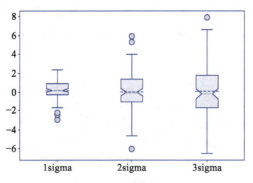

图 7-21　箱线图效果

第三节　利用 Pandas 进行绘图

一、Pandas 绘图简介

Pandas 的绘图功能基于 Matplotlib。Matplotlib 要组装一张图表，需要利用基础组件，即图表类型、图例、标题、刻度标签以及其他注解型信息。根据数据制作一个图表通常需要用到多个对象。Pandas 的两种数据结构（Series、DataFrame）有行标签信息、列标签信息、分组信息等。直接调用 Pandas 的绘图方法 plot( )，可自动生成各类图表，可以省去写行列标签、分组信息等一大堆的 Matplotlib 代码。所以对于 Pandas 数据，直接使用 Pandas 本身实现的绘图方法比使用 Matplotlib 更加方便、简单。Pandas 成为一个集数据查看、处理、分析、可视化于一身的工具。

二、使用 Series 和 DataFrame 对象进行绘图

Series 和 DataFrame 用于生成各类图表的 plot( ) 方法，在默认情况下，它们所生成的是折线图（如图 7-22 所示），索引会用于绘制 x 轴，可以通过 use_index=False 禁用该功能。x 轴的刻度和界限可以通过 xticks 和 xlim 选项进行调节，y 轴就用 yticks 和 ylim。

```
s = Series(np.random.randn(10).cumsum(),index=np.arange(0,100,10))
s.plot( )
```

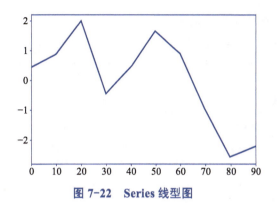

图 7-22 Series 线型图

有关 Series.plot() 方法的参数说明如表 7-14 所示。

表 7-14 Series.plot() 方法的参数说明

参数	说明
label	用于图例的标签
ax	要在其上进行绘制的 Subplot 子图对象。如果没有设置，则使用当前子图
style	要传给绘图的风格字符串（如 "ko--"）
alpha	图表的填充不透明度（0～1 之间）
kind	可以是 line、bar、barh、kde 等
logy	在 y 轴上使用对数标尺
use_index	将对象的索引用作刻度标签
rot	旋转刻度标签（0～360）
xticks	用作 x 轴刻度的值
yticks	用作 y 轴刻度的值
xlim	x 轴的界限（如 [0, 10]）
ylim	y 轴的界限
grid	显示轴网格线（默认打开）

DataFrame 的 plot() 方法会在一个 Subplot 中为各列绘制一条线，并自动创建图例（如图 7-23 所示）。

```
df = DataFrame(np.random.randn(10,4).cumsum(0),index=np.arange(0,100,10),
               columns=['A','B',"C","D"])
df.plot()
```

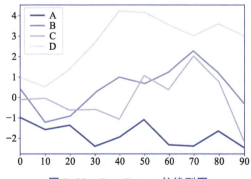

图 7-23 DataFrame 的线型图

DataFrame.plot()的参数说明见表7-15。

表7-15 DataFrame.plot()的参数说明

参数	说明
subplots	将各个DataFrame列绘制到单独的Subplot中
sharex	如果sharex=True，则共用同一个 x 轴，包括刻度和界限
sharey	如果sharey=True，则共用同一个 y 轴，包括刻度和界限
figsize	表示图像大小的元组
title	表示图像标题的字符串
legend	添加一个Subplot图例（默认为True）

对于柱形图，kind='bar'是垂直的，kind='barh'是水平的，通过stacked参数可以设置是否堆叠，其效果如图7-24所示。

```
fig,axes = plt.subplots(2,1)
df = DataFrame(np.random.rand(4,3),index=['one','two','three','four'],
               columns=['A','B','C'])
df.plot(kind='bar',ax = axes[0],rot = 360,legend='best')
df.plot(kind='barh',ax = axes[1], stacked=True,alpha=0.5)
```

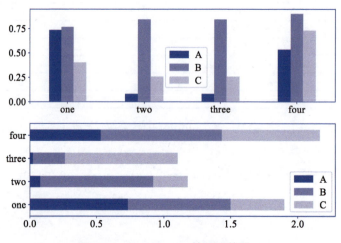

图7-24 DataFrame柱形图效果

直方图是对值频率进行离散化显示的柱形图。通过概率分布估计形成密度图，其效果如图7-25所示。

```
S1 = Series(np.random.normal(0,1,size=200))
S2 = Series(np.random.normal(10,2,size=200))
S =  pd.concat([S1,S2])
S.plot(kind='hist',bins=100,density=True,alpha = 0.3)
S.plot(kind ='kde',style='k--')
```

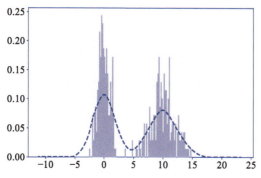

图 7-25　Series 的直方图和密度图效果

对于多变量的散点图矩阵，在对角线上可以设置画直方图或者密度图，其效果如图 7-26 所示。

```
pd.plotting.scatter_matrix(df,diagonal='kde',alpha=0.8)
```

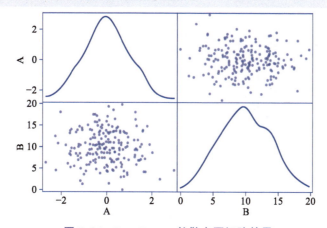

图 7-26　DataFrame 的散点图矩阵效果

小结

　　Matplolib 是一个用于创建质量图表的工具包。它的基本绘图流程是，首先创建画布和子图，添加绘图元素（标题、x 轴和 y 轴名称、x 轴和 y 轴刻度与范围），然后绘制图形，再添加图例，保存图形和显示图形。Matplotlib 的函数可以绘制散点图、折线图、柱形图、饼图、直方图和箱线图。Pandas 可以直接调用绘图方法 plot() 来自动生成各类图表，其数据结构（Series、DataFrame）具有行标签信息、列标签信息，可使语法更加简洁、方便。通过绘制图形，探索数据特征，让数据可视化，从而促进数据分析的深入。

实 训

　　实训背景：2022 年亚洲杯女足比赛，中国女足在半决赛淘汰日本队，在决赛中战胜韩国队，第 9 次获得亚洲杯冠军。但中国女足的夺冠之路并不平坦，在半决赛和决赛中，均在落后的情况下实现大逆转，

第七章实训讲解

用荡气回肠的精彩比赛向中华儿女展示了勇毅前行、永不认输、永不言弃的中国女足精神、中国体育精神、中国精神。通过足球比赛的技术统计数据可视化展示，进一步去感悟中国女足的坚强意志，并学习中国女足精神。

实训要求：获取2022年亚洲杯女足半决赛中国队与日本队的技术统计数据，画出可视化图形，并分析获胜的因素。

实训步骤：

第一步：导入所需模块和所用数据。

```
import pandas as pd
import numpy as np
from pandas import Series, DataFrame
import matplotlib.pyplot as plt
plt.rcParams['font.sans-serif']='SimHei'        # 设置中文字体
plt.rcParams['axes.unicode_minus']=False        # 设置正常显示负号
df=pd.read_csv("女足数据.csv")
```

第二步：查看数据信息和数据类型，在数据可视化之前对数据进行理解。

```
In[]: df
Out[]:
```

	技术指标	中国女足	日本女足
0	控球率	33	67
1	射门	7	22
2	射正	2	6
3	常规赛进球数	1	1
4	加时赛进球数	1	1
5	点球大战	4	3

```
In[]: df.info()
<class 'pandas.core.frame.DataFrame'>
RangeIndex: 6 entries, 0 to 5
Data columns (total 3 columns):
技术指标    6 non-null object
中国女足    6 non-null int64
日本女足    6 non-null int64
dtypes: int64(2), object(1)
memory usage: 272.0+ bytes
In[]: df.set_index(['技术指标'])
Out[]:
```

技术指标	中国女足	日本女足
控球率	33	67
射门	7	22
射正	2	6
常规赛进球数	1	1
加时赛进球数	1	1
点球大战	4	3

"控球率"是在比赛的过程中球队控制足球的时间比率,两队的控球率之和应该为100%;"射门"是指射门的次数;"射正"是把球射在对方球门的门框以内(不包括射中门柱和横梁)的次数;"点球大战"是指在90min常规赛和加时赛战平的情况下,用互罚点球决定胜负的方法射进球门的点球数。观察数据,"技术指标"这一列的数据类型是对象,其他两列是整数型数据。可将"技术指标"这一列设置索引,方便利用Pandas进行绘图。

第三步:设置画布和一个子图,采用正负水平柱形图对技术指标对比进行可视化,如图7-27所示。

```
fig,ax = plt.subplots(1,1)    # 设置画布和一个子图
ax.barh(df1.index,df1["中国女足"],color='red',label="中国女足")
ax.barh(df1.index,-1*df1["日本女足"],label="日本女足")
ax.legend()    # 显示图例
plt.xticks(())# 不显示 x 坐标刻度
plt.savefig('7-27 技术指标水平对比图 .jpg',dpi=300)
plt.show()
```

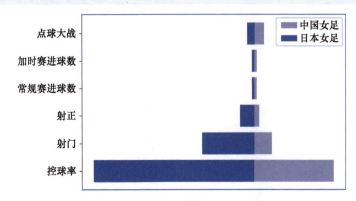

图 7-27 技术指标水平对比图

第四步:在水平柱状图上添加值标签,更容易阅读图形。带值标签的技术指标水平对比图如图7-28所示。

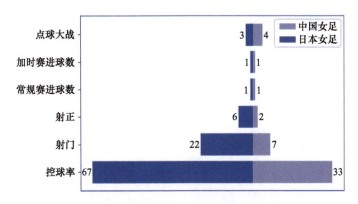

图 7-28 带值标签的技术指标水平对比图

```
for x,y in enumerate(df1["中国女足"]):
    ax.text(y+2,x,'%s' %y,ha='center', va= 'bottom',fontsize=12)
for x,y in enumerate(df1["日本女足"]):
    ax.text(-y–2,x,'%s' %y,ha='center', va= 'bottom',fontsize=12)
fig.savefig('7-28 带值标签的技术指标水平对比图 .jpg',dpi=300，bbox_inches='tight')
fig
```

第五步：设置子图，在不同的子图里分别针对不同的指标进行两两对比，这样不同的指标可以采用不一致的坐标，从可视化角度看，更易理解。完成这个任务，首先要对数据进行转置，将索引"技术指标"转换为列，然后利用 Pandas 画图参数 subplots、layout 进行子图的设置。技术指标对比子图集如图 7-29 所示。

```
In[]:df2 = df1.T
     df2
Out[]:
```

技术指标	控球率	射门	射正	常规赛进球数	加时赛进球数	点球大战
中国女足	33	7	2	1	1	4
日本女足	67	22	6	1	1	3

```
In[]:df2.plot(kind='bar',subplots=True,layout=(2,3),legend=False,
figsize=(8,8),rot=0,sharex=False)
     plt.savefig('7-29 技术指标对比子图集 .jpg',dpi=300)
     plt.show( )
```

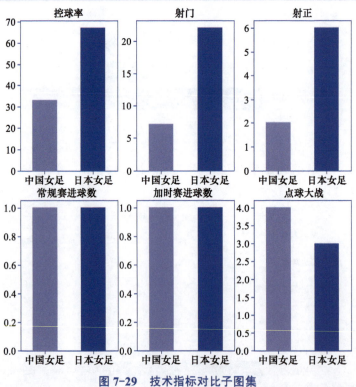

图 7-29 技术指标对比子图集

第六步：如果要进一步对两队进行颜色区别和添加值标签，则需要对每个子图进行设置。带值标签和颜色对比的技术指标子图集如图 7-30 所示。

```
fig,ax =plt.subplots(2,3)
fig.figsize=(8,8)
fig.subplots_adjust(hspace=0.5)
i=1
for col in df2.columns:
plt.subplot(2,3,i)
    df2[col].plot(kind='bar',rot=0,color =['r','lightblue'])
plt.title(label=col)
i=i+1
    for x,y in enumerate(df2[col]):
plt.text(x,y–0.1,'%s' %y,ha='center', va= 'bottom',fontsize=12)
plt.savefig('7-30 带值标签和颜色对比的技术指标子图集 .jpg',dpi=300)
```

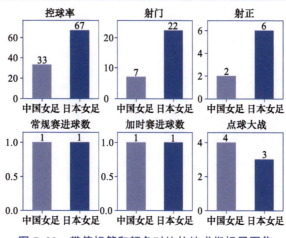

图 7-30　带值标签和颜色对比的技术指标子图集

第七步：分析。在技术指标"控球率"与"射门"如此低的情况下，中国女足是如何拿下对手的呢？中国女足只有两次射正，但两次全部命中，准确率很高，90 分钟常规赛在落后的情况下战成 1:1，加时赛在第 118min 完成绝平，最后在点球大战以 4:3 取胜。中国女足在场上分分秒秒比拼，从中场的绞杀到后场不遗余力地拼抢，落后时不气馁，不到最后一刻不放弃、不认输，仍然全力以赴，展现了中国女足顽强不屈的意志，也是中国女足的精神之所在。

练　习

1. 请利用 Matplotlib 绘制 $y=x*x+18$ 的抛物线，并给图表添加标题和坐标轴名称。
2. 请利用 Matplotlib 绘制并列的两个子图，一个子图是 $y=x*x$，另一个子图是 $y=x$。
3. 读取文件 stockdata.xls 的数据，画出收盘价的折线图。
4. 读取鸢尾花数据，进行数据分析的可视化。
（1）萼片（sepal）和花瓣（petal）的大小关系（散点图）。
（2）不同种类鸢尾花萼片和花瓣的大小关系（分类散点子图）。
（3）不同种类鸢尾花萼片和花瓣大小的分布情况（柱形图或者箱线图）。

参 考 文 献

[1] 王斌会，王术. Python 数据分析基础教程：数据可视化 [M]. 2 版. 北京：电子工业出版社，2021.

[2] 董付国. Python 程序设计基础 [M]. 2 版. 北京：清华大学出版社，2018.

[3] 马杨珲，张银南. Python 程序设计 [M]. 北京：电子工业出版社，2021.

[4] 李良. Python 数据分析与可视化 [M]. 北京：电子工业出版社，2021.

[5] 安俊秀，唐聃，靳宇倡，等. Python 大数据处理与分析. 北京：人民邮电出版社，2021.

[6] 麦金尼. 利用 Python 进行数据分析 [M]. 唐学韬，等译. 北京：机械工业出版社，2013.